中等职业教育电类专业系列教材

制冷技术基础与技能

（第3版）

总主编　聂广林

主　编　辜小兵

副主编　李金松

编　者（以姓氏笔画为序）

刘　钟　旷小林

李一明　李金松

辜小兵

重庆大学出版社

内容提要

　　本书系中等职业学校电子技术工程专业的"制冷"课程教材,内容以满足制冷设备维修人员的理论需求设计。全书共分为5个项目,内容主要包括电冰箱原理与维修技术、空调原理与维修技术等。此外,还增加了部分商用制冷设备的简单介绍。各章节均附有知识拓展、思考与练习题及学习检测,以便提高学员的学习效果。

　　本书既可作为中等职业学校的专业课教材,也可供从事制冷设备维护人员参考。

图书在版编目(CIP)数据

制冷技术基础与技能/辜小兵主编. —重庆:重庆大学出版社,2010.8(2019.8重印)
(中等职业教育电类专业系列教材)
ISBN 978-7-5624-5329-1

Ⅰ.①制…　Ⅱ.①辜…　Ⅲ.①制冷技术—专业学校—教材②空气调节设备—专业学校—教材　Ⅳ.①TB66②TB657.2

中国版本图书馆 CIP 数据核字(2010)第 041992 号

中等职业教育电类专业系列教材
制冷技术基础与技能
(第3版)
总主编　聂广林
主　编　辜小兵
副主编　李金松
策划编辑:周　立
责任编辑:李定群　　版式设计:周　立
责任校对:邹　忌　　责任印制:张　策
＊
重庆大学出版社出版发行
出版人:饶帮华
社址:重庆市沙坪坝区大学城西路21号
邮编:401331
电话:(023) 88617190　88617185(中小学)
传真:(023) 88617186　88617166
网址:http://www.cqup.com.cn
邮箱:fxk@ cqup.com.cn (营销中心)
全国新华书店经销
重庆巍承印务有限公司印刷
＊
开本:787mm×1092mm　1/16　印张:13.75　字数:343 千
2019 年 8 月第 3 版　　2019 年 8 月第 6 次印刷
印数:9 801—11 300
ISBN 978-7-5624-5329-1　定价:30.00 元

序　言

随着国家对中等职业教育的高度重视,社会各界对职业教育的高度关注和认可,近年来,我国中等职业教育进入了历史上最快、最好的发展时期,具体表现为:一是办学规模迅速扩大(标志性的)。2008 年全国招生800 余万人,在校生规模达 2 000 余万人,占高中阶段教育的比例约为50%,普、职比例基本平衡。二是中职教育的战略地位得到确立。教育部明确提出两点:"大力发展职业教育作为教育工作的战略重点,大力发展职业教育作为教育事业的突破口"。这是对职教战线同志们的极大的鼓舞和鞭策。三是中职教育的办学指导思想得到确立。"以就业为导向,以全面素质为基础,以职业能力为本位"的办学指导思想已在职教界形成共识。四是助学体系已初步建立。国家投入巨资支持职教事业的发展,这是前所未有的,为中职教育的快速发展注入了强大的活力,使全国中等职业教育事业欣欣向荣、蒸蒸日上。

在这样的大好形势下,中职教育教学改革也在不断深化,在教育部2002 年制定的《中等职业学校专业目录》和83 个重点建设专业以及与之配套出版的 1 000 多种国家规划教材的基础上,新一轮课程教材及教学改革的序幕已拉开。2008 年已对《中等职业学校专业目录》、文化基础课和主要大专业的专业基础课教学大纲进行了修订,且在全国各地征求意见

（还未正式颁发），其他各项工作也正在有序推进。另一方面，在继承我国千千万万的职教人通过近30年的努力已初步形成的有中国特色的中职教育体系的前提下，虚心学习发达国家发展中职教育的经验已在职教界逐渐开展，德国的"双元"制和"行动导向"理论以及澳大利亚的"行业标准"理论已逐步渗透到我国中职教育的课程体系之中。在这样的大背景下，我们组织重庆市及周边省市部分长期从事中职教育教材研究及开发的专家、教学第一线中具有丰富教学及教材编写经验的教学骨干、学科带头人组成开发小组，编写这套既符合西部地区中职教育实际，又符合教育部新一轮中职教育课程教学改革精神；既坚持有中国特色的中职教育体系的优势，又与时俱进，极具鲜明时代特征的中等职业教育电子类专业系列教材。

该套系列教材是我们从2002年开始陆续在重庆大学出版社出版的几本教材的基础上，采取"重编、改编、保留、新编"的八字原则，按照"基础平台 + 专门化方向"的要求，重新组织开发的，即：

1. 对基础平台课程《电工基础》、《电子技术基础》，由于使用时间较久，时代特征不够鲜明，加之内容偏深偏难，学生学习有困难，因此，对这两本教材进行重新编写。

2. 对《音响技术与设备》进行改编。

3. 对《电工技能与实训》、《电子技能与实训》、《电视机原理与电视分析》这三本教材，由于是近期才出版或新编的，具有较鲜明的职教特点和时代特色，因此对该三本教材进行保留。

4. 新编14本专门化方向的教材（见附表）。

对以上20本系列教材，各校可按照"基础平台 + 专门化方向"的要求，选取其中一个或几个专门化方向来构建本校的专业课程体系；也可根据本校的师资、设备和学生情况，在这20本教材中，采取搭积木的方式，任意选取几门课程来构建本校的专业课程体系。

本系列教材具备如下特点：

1. 编写过程中坚持"浅、用、新"的原则，充分考虑西部地区中职学生的实际和接受能力；充分考虑本专业理论性强、学习难度大、知识更新速度快的特点；充分考虑西部地区中职学校的办学条件，特别是实习设备较差的特点。一切从实际出发，考虑学习时间的有限性、学习能力的有限性、教学条件的有限性，使开发的新教材具有实用性，为学生终身学习打好基础。

2. 坚持"以就业为导向，以全面素质为基础，以职业能力为本位"的中职教育指导思想，克服顾此失彼的思想倾向，培养中职学生科学合理的能力结构，即"良好的职业道德、一定的职业技能、必要的文化基础"，为学生的终身就业和较强的转岗能力打好基础。

3. 坚持"继承与创新"的原则。我国中职教育课程以传统的"学科体系"课程为主，它的优点是循序渐进、系统性强、逻辑严谨，强调理论指导实践，符合学生的认识规律；缺点是与生产、生活实际联系不太紧密，学生学习比较枯燥，影响学习积极性。而德国的中职教育课程以行动体系课程为主，它的优点是紧密联系生产生活实际，以职业岗位需求为导向，学以致用，强调在行业行动中补充、总结出必要的理论；缺点是脱离学科自身知识内在的组织性，知识离散，缺乏系统性。我们认为：根据我国的国情，不能把"学科体系"和"行动体系"课程对立起来，相互排斥，而是一种各具特色、相互补充的关系。所谓继承，即是根据专业及课程特点，对逻辑性、理论性强的课程（如电子类专业的基础平台课程、电视机原理课程等），采用传统的"学科体系"模式编写，并且采用经过近 30 年实践认为是比较成功的"双轨制"方式；所谓创新，是对理论性要求不高而应用性和操作性强的专门化课程，采用行为导向、任务驱动的"行动体系"模式编写，并且采用"单轨制"方式。即采取"学科体系"与"行动体系"相结合，"双轨制"与"单轨制"并存的方式。我们认为这是一种务实的与时俱进的态度，也符合我国中职教育的实际。

4. 在内容的选取方面下了功夫，把岗位需要而中职学生又能学懂的重要内容选进教材，把理论偏深而职业岗位上没有用处（或用处不大）的内容删出，在一定程度上打破了学科结构和知识系统性的束缚。

5. 在内容呈现上，尽量用图形（漫画、情景图、实物图、原理图）和表格进行展现，配以简洁、明了的文字解说，做到图文并茂、脉络清晰、语言流畅上口，增强教材的趣味性和启发性，使学生愿读易懂。

6. 每一个知识点，充分挖掘了它的应用领域，做到理论联系实际，激发学生的学习兴趣和求知欲。

7. 教材内容，做到了最大限度地与国家职业技能鉴定的要求相衔接。

8. 考虑教材使用的弹性。本套教材采用模块结构，由基础模块和选学模块构成，基础模块是各专门化方向必修的基础性教学内容和应达到的基本要求，选学模块是适应专门化方向学习需要和满足学生进修发展及继续学习的选修内容，在教材中打"※"的内容为选学模块。

该系列教材的开发，是在国家新一轮课程改革的大框架下进行的，在较大范围内征求了同行们的意见，力争编写出一套适应发展的好教材，但毕竟我们能力有限，欢迎同行们在使用中提出宝贵意见。

总主编　聂广林
2019 年 1 月

附表：

中职电子类专业系列教材

	方　向	课程名称	主　编	模　式
基础平台课程	公用	电工技术基础与技能	聂广林 赵争台	学科体系、双轨
		电子技术基础与技能	赵争台	学科体系、双轨
		电工技能与实训	聂广林	学科体系、双轨
		电子技能与实训	聂广林	学科体系、双轨
		应用数学		
专门化方向课程	音视频专门化方向	音响技术与设备	聂广林	行动体系、单轨
		电视机原理与电路分析	赵争台	学科体系、双轨
		电视机安装与维修实训	戴天柱	学科体系、双轨
		单片机原理及应用		行动体系、单轨
	日用电器方向	电动电热器具(含单相电动机)	毛国勇	行动体系、单轨
		制冷技术基础与技能	辜小兵	行动体系、单轨
		单片机原理及应用		行动体系、单轨
	电气自动化方向	可编程控制原理与应用	刘　兵	行动体系、单轨
		传感器技术及应用	卜静秀 高锡林	行动体系、单轨
		电动机控制与变频技术	周　彬	行动体系、单轨
	楼宇智能化方向	可编程逻辑控制器及应用	刘　兵	行动体系、单轨
		电梯运行与控制		行动体系、单轨
		监控系统		行动体系、单轨
	电子产品生产方向	电子CAD	彭贞蓉 李宏伟	行动体系、单轨
		电子产品装配与检验		行动体系、单轨
		电子产品市场营销		行动体系、单轨
		机械常识与钳工技能	胡　胜	行动体系、单轨

职业技术教育有别于普通教育,在于专业技能的实践性和专业技能转变为职业能力的可持续性。国家十分重视职业教育,选派了一批又一批中职骨干教师到德国学习,又引进澳大利亚先进教学理念,实施中澳职业教育合作项目。无论是德国也好,还是澳大利亚也好,他们的教学精髓都是:以能力为本位,学生在做中学习,教师在做中教。本书紧紧围绕这一主题将电冰箱、空调器和商用制冷设备,分成 5 个项目,包括维修电冰箱和空调器专用工具的使用,电冰箱和空调器的选择、拆装,制冷系统、电气控制系统、箱体的维修,汽车空调、中央空调和冷冻库等制冷设备的应用、维护和保养。

本书的特色:教材打破传统的知识体系,理论知识和实际操作合二为一,将做放在第一位,先做再学,尽量让学生在做中学习,在做中发现规律,获取知识。教师在做中教,在操作过程中插入相关的理论知识。尽量体现知识技能生活化,生活岗位化,岗位问题化,问题教学化,教学任务化,任务行业标准化。具体表现在以下 4 个方面:

①任务中的作业过程,通过实际操作,然后拍摄而成。图片真实,步骤清晰,言简意赅,操作性强。特别适合中职学生使用。

②用做一做来训练学生综合知识技能的能力。用想一想来搭建师生互动平台。用评一评来评价学生知识技能掌握情况。用自我测评来增强学生的自信心,感悟学习的快乐。

③采用了新的课程编排体系,遵守中职学生的认知规律,结合教师上课的实际情况。力求学生容易掌握技能,教师方便教学。

④本书素材来源于生产和维修第一线,体现了教材的科学性、先进性。内容贴近生活,贴近岗位,实用性强。

本书教学共 92 学时,建议二年级专业课教学使用,每周 6 学时。各部分安排如下:

内　容	学时安排
项目1　维修电冰箱	36
项目2　维修空调器	28
项目3　中央空调器	12
项目4　冷库运行与管理	8
项目5　汽车空调的拆装与维护	8

本书由辜小兵任主编,李金松任副主编。其中,项目1的任务1、任务3由辜小兵编写;项目1的任务2和项目2的任务1、任务2、任务3由李一明编写;项目1的任务4、任务7、任务8和项目2的任务5、任务6由旷小林编写;项目1的任务5、任务6、任务9和项目2的任务4、任务7由刘钟编写;项目3、项目4、项目5由李金松编写;重庆市渝北区教师进修学校聂广林研究员对全书进行了修订。

本书在编写过程中得到重庆市教科院向才毅、肖敏等领导的大力支持,同时得到重庆工商学校杨宗武、蒲滨海等领导的鼎力相助。在此表示诚挚的谢意。

限于编者水平,书中错漏之处难免,恳求读者批评指正。

编　者
2019 年 6 月

项目 1
维修电冰箱

教学目标

在进行电冰箱维修技能训练的过程中,本着循序渐进的原则,由表及里、由浅入深,先观察电冰箱整机结构及主要部件的外部特征,再逐步深入到各部分的内部,探究电冰箱制冷系统和电器控制系统及其器件的作用与工作原理。通过实际操作熟练使用维修电冰箱的专用工具,掌握维修电冰箱的基本方法,会维修电冰箱的常见故障。

安全规范

电冰箱维修作业包括电工、焊工等多工种的技术操作。引发事故的因素较多,因此,对作业现场必须安全规范,严格安全操作。

1. 作业现场必须通风良好、环境整洁,避免易燃易爆气体引发意外火灾、防止有害气体危害操作人员健康。严禁酒后从事作业。

2. 作业现场中各种设备、工具及器材等应合理放置。电气线路应排布整齐,严禁乱接乱拉电线。各种电器开关、插座应安全可靠。

3. 作业现场必须备有合格的消防器材。氧气瓶和燃气瓶应保持一定的安全距离,瓶体距明火作业点也应尽量拉大距离,避免靠近钢瓶进行气焊操作。

4. 严禁对含有制冷剂的系统或容器施行明火作业,以防发生燃火、爆炸事故。

5. 瓶体温度应小于40 ℃,避免在阳光下暴晒,避免剧烈震动和撞击。

6. 氧气瓶、橡胶管严禁与任何油脂接触,手或手套上有油污时,应先擦洗干净。

7.焊接操作时,火焰方向应避开易燃物品,远离配电装置。

8.不准在未关闭气阀熄火前离开现场。

9.气焊操作中出现回火现象时,应尽快切断燃气气路。

10.气焊操作后及时关闭钢瓶瓶阀,避免不使用气焊设备时长时间使钢瓶处于开启状态。

11.压力容器要安装适配的减压装置。开启气体钢瓶时,应站在瓶口侧面缓慢开启。

12.燃气钢瓶及其连接部件,严格避免存在燃气泄漏现象,一旦发现有泄漏应及时处理。

13.制冷剂钢瓶在存放时必须关紧瓶阀,并加封瓶口铜帽,进行二次密封。

能力目标

1.学会选择和使用电冰箱。

2.学会使用维修电冰箱的专用工具。

3.学会拆装家用电冰箱。

4.学会判断电冰箱的常见故障。

5.学会对电冰箱制冷系统进行故障检修。

6.学会对电冰箱电气控制系统进行故障检修。

任务1 认识和选择电冰箱

一、任务描述

电冰箱已进入千家万户。走进电器商店,形形色色、大大小小的电冰箱琳琅满目,怎么去认识这些电冰箱? 又怎么去选择这些电冰箱? 本任务是认识和选择电冰箱。完成这一任务的作业流程如图1.1.1所示。

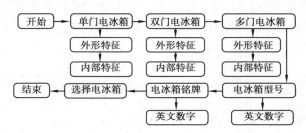

图1.1.1 作业流程

二、知识能力目标

能力目标:1.学会根据电冰箱的外形和内部特征区分电冰箱的种类。
　　　　　2.学会选择电冰箱。
知识目标:1.了解电冰箱型号的含义。
　　　　　2.了解电冰箱铭牌数据。

三、作业流程

1.认识单门电冰箱(见图1.1.2)

外形特征:外形是一个长方体,其中一面从上到下只有一道门。

内部特征:打开电冰箱门,里面有温度较低(0 ~ 10 ℃)的冷藏室(一般是冷藏水果、蔬菜),还有温度更低(-12 ~ -6 ℃)的冷冻室(一般是冷冻肉类)。

图1.1.2 单门电冰箱

2. 认识双门电冰箱（见图1.1.3）

外形特征：外形是一个长方体，其中一面从上到下有两道门。

内部特征：打开电冰箱上门，内面有温度较低（0～10 ℃）的冷藏室（一般是冷藏水果蔬菜）。打开电冰箱下门有温度更低（-12～-6 ℃）的冷冻室（一般是冷冻肉类）。

3. 认识多门电冰箱（见图1.1.4）

外形特征：外形是一个长方体，其中一面从上到下有三道门。

图1.1.3　双门电冰箱

内部特征：打开电冰箱上门，内面有温度较低（0～10 ℃）的冷藏室（一般是冷藏水果）。打开电冰箱中门和下门有温度更低（-12～-6 ℃）的冷冻室（一般是冷冻肉类）。

电冰箱的分类如表1.1.1所示。

图1.1.4　多门电冰箱

表1.1.1

分类方式	类　别
按外形结构	单门、双门、三门
按用途	冷藏、冷冻、冷藏及冷冻
按冷却方式	直冷式、间冷式
按星级	一星级、二星级、三星级、四星级
按制冷原理	蒸发沸腾式、吸收扩散式、半导体式
按有无霜	有霜式、无霜式

4. 认识电冰箱型号

电冰箱型号是用来表征电冰箱的基本情况，通过电冰箱型号可以了解电冰箱容积，是家用还是商用电冰箱，是有霜还是无霜电冰箱，产品改进过多少次，是否符合国家标准。根据国家 GB 8059 标准规定，家用电冰箱的型号表示方法及其含义如下：

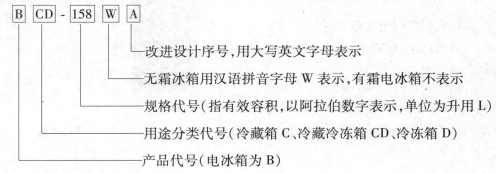

B　CD　-158　W　A

改进设计序号，用大写英文字母表示

无霜冰箱用汉语拼音字母 W 表示，有霜电冰箱不表示

规格代号（指有效容积，以阿拉伯数字表示，单位为升用 L）

用途分类代号（冷藏箱 C、冷藏冷冻箱 CD、冷冻箱 D）

产品代号（电冰箱为 B）

BCD-158WB 表示的含义是：电冰箱的有效容积为 158 L，是第一次改进设计的无霜式家用冷藏冷冻电冰箱。

你家中的电冰箱从外形看是哪种类型？请写出它的型号，并说出其含义。

5. 认识电冰箱铭牌

电冰箱在后壁上方均有铭牌和电路图，铭牌上一般标有产品牌号、名称、型号、总有效容积（L）、额定电压（V）、额定电流（A）、额定频率（Hz）、输入功率（W）、耗电量 [（kW·h）/24 h]、制冷剂名称及注入量（g）、冷冻能力（kg/24 h）、厂商名称、制造日期及编号、气候类型和防触电保护类型、质量等。

6. 选择电冰箱

国内外电冰箱的生产企业较多，在选购电冰箱时要根据自己家庭条件选择电冰箱。目前，国内外电冰箱品牌排行榜是海尔冰箱、西门子电冰箱、三星电冰箱、LG 电冰箱、容声电冰箱等。这里介绍同种品牌、同种型号的电冰箱应该如何去选择。一般经验总结为看、试、听、摸 4 个字。

看：看箱门是否方正、变形；看各个部件是否有外伤和变形；看焊口是否有油迹或脱焊现象；看箱体内照明灯是否在开门时灯亮，关门时灯灭。

试：手拉电冰箱门要施加一定的拉力才能打开，关门时箱门靠近门框就会因磁性条的吸力而自动关闭。用纸片插入门缝任何一处，纸片不滑落，说明磁性门封较好。

听：听运行噪声，一般不应该高于 45 dB。就是在安静的环境中，离电冰箱 1 m 远处不能听到声音。

摸：电冰箱启动后，摸压缩机和冷凝器应发热，吸气管发凉，20 min 后，打开箱门，蒸发器上应结均匀的薄霜，用手蘸水摸蒸发器，手有被粘住的感觉。

购买电冰箱警惕商家炒作，让你走进误区，不要认为电冰箱功能越多越好，也不要认为电冰箱越省电越好，更不要认为无氟电冰箱就是最好的。业内人士指出，市场上关于电冰箱存在不切实际的宣传，如"绿色电冰箱""环保电冰箱""节能电冰箱"等，很容易引起消费者步入误区。电冰箱的作用是食品保鲜，在选择电冰箱时要紧紧围绕这一主题，选择的电冰箱才会让你满意。

与同学（朋友）到电器商场，了解市场上的电冰箱有哪些种类？若你要买电冰箱，应该怎样去选择？

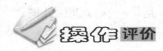 **操作**评价

认识和选用电冰箱,学会了多少,请根据表1.1.2中的要求进行评价。

表1.1.2　认识和选用电冰箱评价表

序 号	项 目	配 分	评价内容		得 分
1	认识电冰箱	50	1.能根据电冰箱外形结构,说出电冰箱的种类	15分	
			2.能说出BCD-158WB的含义	20分	
			3.能看懂电冰箱的铭牌	15分	
2	选择电冰箱	50	1.能去看箱门、部件、焊口、箱体内照明灯是否正常	20分	
			2.能去试箱门的拉力、吸力	10分	
			3.会听运行噪声是否超出45 dB	10分	
			4.会摸电冰箱运行时的发热、发凉、薄霜	10分	
安全文明操作		违反安全文明操作(视其情况进行扣分)			
开始时间		结束时间		实际时间	成绩
综合评议意见					
评议人			日期		

 知识探究

1.电冰箱的主要技术指标

(1)耗电量

耗电量是指32 ℃的环境温度下,电冰箱运行24 h(制冷系统应有开停)所消耗的功率,一般电冰箱消耗功率为1度/天(或1 kW/24 h),节能电冰箱可约为0.5度/天(或0.5 kW/24 h)。耗电量越小越好。

(2)噪声和振动

噪声和振动都是衡量电冰箱性能的指标,要求越小越好,国家标准规定噪声不能大于45 dB。

(3)门封的气密性

气密性差电冰箱的耗电量大,一般规定用一张0.08 mm、宽30 mm、长200 mm的纸片插入电冰箱门封的任意一处,纸不会自由滑动,这时的气密性较好。

(4)箱体绝热性能

在环境露点温度为27 ℃,环境温度为32 ℃时,电冰箱运行24 h后,箱体表面不会出现凝露现象,说明箱体绝热性能良好,耗电量小。

（5）储藏温度

电冰箱通电 24 h 冷藏室温度为 0～10 ℃，冷冻室温度符合相应的星级标准的这一温度就是储藏温度。

（6）冷却速度

在环境温度为 32 ℃时，电冰箱连续工作不超过 2 h，冷藏室温度降至 5～7 ℃，冷冻室温度符合相应的星级标准，这种速度说明冷却速度达到标准。

2. 电冰箱冷冻室星级要求

根据电冰箱的冷冻温度和食品保鲜的时间，用星级进行表示，如表 1.1.3 所示。

表 1.1.3　星级表示的温度等级

星　级	符　号	冷冻室温度/℃	冷冻室食品储藏期
一星级	*	不高于 -6	1 星期
二星级	＊＊	不高于 -12	1 个月
高二星级	＊＊	不高于 -15	1.8 个月
三星级	＊＊＊	不高于 -18	3 个月
四星级	＊＊＊＊	不高于 -24	6～8 个月

3. 电冰箱冷藏室温度要求

电冰箱所处的地区不同外界的温度也不同，因此，不同的地区冷藏室温度有不同的体现，如表 1.1.4 所示。

表 1.1.4　冷藏室的温度气候类型

类　型	温度/℃
亚温带型(SN)	-1～10
温带型(N)	0～10
亚热带型(ST)	0～14
热带型(T)	0～14

4. 维修电冰箱前的准备工作

（1）对待顾客要热情

作为一个制冷制热维修工人，会有很多顾客登门请求服务。应主动热情地对顾客说："您好，欢迎您的光临！您有什么事情？"顾客不是购买制冷设备的零配件，就是要求维修已损坏的电器。如果是要求购买器件,要主动为顾客挑选满意的零配件;如果没有现货,要说明到货的时间,有可能的话约定登门送货时间。如果要求上门维修电器,应主动询问电器损坏情况,并与顾客约定登门服务时间。顾客离开时,要使用文明语言,如"请您多提宝贵意见""谢谢您的合作""欢迎您下次再来"。

(2)要注意仪容仪表和文明用语

工作人员要穿工作服,男同志不留长发,不蓄胡须,不戴墨镜。女同志不化浓妆,不戴首饰。不亢不卑,落落大方。无论是业务成功与否都要使用文明语言,如洽谈成功,应使用这样的语言,如"您好""欢迎您的光临""您有什么事情,我能帮您做吗""谢谢您的合作""请多提宝贵意见""欢迎您下次再来"。如洽谈不成功,应使用这样的语言:"不要紧""没关系""希望下次有合作的机会""对不起"等文明语言。

思考与练习

1. 通过了解写出你邻居(同学)的电冰箱的型号,并说出它的含义。
2. 你舅舅家要买电冰箱,请你去帮他选择,在选择中你应该注意哪些问题?

一、填空题

1. 电冰箱按外形结构可分为单门电冰箱、_____和多门电冰箱。
2. 电冰箱型号是 BCD210WA,其中 210 表示_____意义。
3. 冷冻室温度达到_____时为四星级电冰箱。
4. 手拉电冰箱门要施加一定的_____才能打开,关门时箱门靠近门框就会因磁性条的吸力而关闭。用纸片插入门缝任何一处,纸片不_____,说明磁性门封较好。

二、判断题

1. 在电冰箱的型号中第一个字母表示产品代号。 (   )
2. 电冰箱工作时的噪声可以超过 50 dB。 (   )
3. 冷冻室的温度低于 −6 ℃就达到一星级电冰箱的要求。 (   )
4. 电冰箱开门时箱内的照明灯要亮,关门时灯灭。 (   )

任务2 认识和检测制冷系统的主要部件

一、任务描述

电冰箱制冷系统是由一些专用的部件组成的,这些部件一旦出现问题,就会影响电冰箱正常工作。这些部件你认识吗? 会检查它的好坏吗? 这里主要介绍制冷系统专用部件的作用、结构和工作原理,要求会判断这些部件的质量。

在制冷制热实训中心,认识往复式压缩机、热交换器(蒸发器,冷凝器)、毛细管、干燥过滤器,同时用万用表、钳形电流表和兆欧表对往复式压缩机检测。要完成这一工作任务,其作业流程如图1.2.1所示。

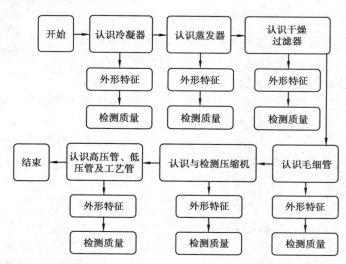

图1.2.1 作业流程

二、知识能力目标

能力目标:1.学会检测热交换器、毛细管、干燥过滤器等部件质量。
　　　　　2.学会检测往复活塞式压缩机的质量。
知识目标:1.了解压缩机、热交换器、毛细管、干燥过滤器等部件的种类。
　　　　　2.掌握压缩机、热交换器、毛细管、干燥过滤器等部件的作用、结构。
　　　　　3.理解压缩机、热交换器、毛细管、干燥过滤器等部件常见故障特征。

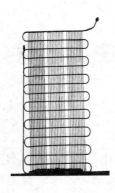

图 1.2.2　冷凝器

三、作业流程

1. 认识热交换器——冷凝器（见图 1.2.2）

外形特征：这种冷凝器属于钢丝式冷凝器，它由在蛇形复合管的两侧点焊直径为 1.6 mm 的碳素钢丝构成。每面用 70 根钢丝，两面共 140 根。

作用：将高温高压的气态制冷剂冷凝液化成常温高压的液体。

典型故障：电冰箱的制冷能力下降或根本不制冷，压缩机不停机。

质量检测：

①通风是否良好。

②有无积尘油污。

③管道和钢丝是否被腐蚀变形泄漏。

2. 认识热交换器——蒸发器（见图 1.2.3）

外形特征：蒸发器属于管板式蒸发器。用紫铜管或铝管盘绕在黄铜板或铝板围成的矩形框上焊制或粘接而成的。

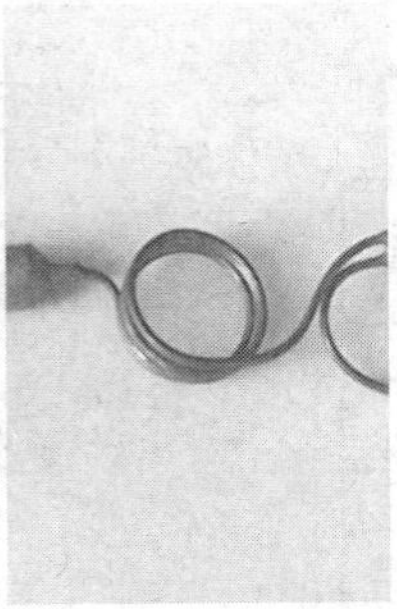

图 1.2.3　蒸发器

作用：常温低压的液态制冷剂在蒸发器中体积膨胀蒸发吸收热量从而实现制冷。

典型故障：电冰箱的制冷能力下降或根本不制冷，压缩机不停机。

质量检测：

①有无明显的变形和泄漏点。

②有无油污和霜层。

3. 认识毛细管（见图 1.2.4）

外形特征：电冰箱制冷系统中，毛细管是长度为 2～4 m、内径为 0.15～1 mm、外径为 2～3 mm 的紫铜管，毛细管加工成螺旋形。

图 1.2.4　毛细管

作用：节流降压，将常温高压液态制冷剂降压为低压液态和气态制冷剂，控制蒸发器的制冷剂供应量。

典型故障：冰堵、脏堵、断裂、泄漏。

质量检测：

①毛细管的内径和外径是否符合要求。

②毛细管是否被弯折和挤压。

③毛细管是否断裂，是否有漏气孔。

4. 认识干燥过滤器（见图 1.2.5）

外形特征：由直径为 13～14 mm、长度 100～180 mm 的粗铜

图 1.2.5　干燥过滤器

管制成。

作用:吸附制冷剂中的水分,过滤制冷循环系统中的污物和灰尘。

典型故障:和毛细管基本一样,有冰堵和脏堵以及泄漏,制冷效率下降。

质量检测:

①是否因吸收水分太多不能继续使用。

②是否产生堵塞。

5. 认识和检测往复式压缩机

(1)认识压缩机(见图1.2.6)

外形特征:有高压排气管,低压吸气管,维修工艺管,压缩机的电源接线盒。

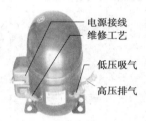

电源接线
维修工艺
低压吸气
高压排气

作用:是制冷设备的心脏,压缩机电动机为其提供原动力,将电能转换为机械能,驱动制冷剂在制冷系统中循环。

典型故障:压缩不良,压缩机运转,但制冷效果不好或不制冷;抱轴和卡缸:抱轴和卡缸是压缩机活塞与汽缸无法进

图1.2.6 压缩机

行相对运动的一种压缩机故障。其故障特征是压缩机不能正常启动,稍后保护器动作。

(2)检测往复式压缩机(见图1.2.7)

1)所需工具:万用表、兆欧表、钳形电流表。

2)检测步骤如下:

用万用表辨别压缩机绕组:压缩机上有3个接线端子(如图1.2.7),分别是运行绕组一端(M),启动绕组端(S)和它们的公共端(C),用万用表的 R×1 Ω 挡,分别测量每两个接线柱之间的直流电阻,可得到3个不同阻值。其中,最大的是MS之间的阻值 R_{MS},就找到 M,S 端,剩下的是公共端 C,运行绕组电阻 R_{MC} 小于启动绕组的阻值 R_{SC}。从而分辨出运转绕组接线端

图1.2.7 电源接线端子

(M),启动绕组接线端(S)。

(3)钳形电流表和兆欧表的使用(见图1.2.8和图1.2.9)

图1.2.8 钳形电流表　　　　**图1.2.9 兆欧表**

用钳形电流表检测压缩机的启动电流和运行电流。启动电流一般是额定电流的8倍左右,运行电流要和额定电流一样或相差不大,如果相差太大说明压缩机绕组局部短路或短路。

用兆欧表检测电源3个接线端子与机壳之间的绝缘电阻,任一接线端与机壳之间的电阻应大于 2 MΩ。若太小或为零,说明绝缘性能变差或短路。

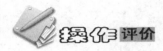 **操作** 评价

认识和检测制冷系统常见部件,学会了多少,请根据表1.2.1中的要求进行评价。

表1.2.1 认识和检测制冷系统常见部件评价表

序 号	项 目	配 分	评价内容		得 分
1	冷凝器	17	1. 会冷凝器的位置	5 分	
			2. 会冷凝器的类型	5 分	
			3. 会冷凝器的质量检查	7 分	
2	蒸发器	18	1. 会蒸发器的位置	5 分	
			2. 会蒸发器的类型	5 分	
			3. 会蒸发器质量检查	8 分	
3	毛细管	15	1. 会认识毛细管	5 分	
			2. 会毛细管的内外径	5 分	
			3. 会毛细管的质量检查	5 分	
4	干燥过滤器	10	1. 会认识干燥过滤器	5 分	
			2. 会检测干燥过滤器的质量	5 分	
5	压缩机	40	1. 会认识压缩机的外形结构	10 分	
			2. 会辨别压缩机电机绕组	15 分	
			3. 会压缩机电机绕组绝缘电阻的测量	15 分	
安全文明操作		违反安全文明操作(视其情况进行扣分)			
额定时间		每超过5 min扣5分			
开始时间		结束时间	实际时间		成 绩
综合评议意见					
评议人			日 期		

 **知识** 探究

1. 压缩机(往复活塞式、旋转式、涡旋式)的种类和结构

压缩机是制冷循环系统的动力,在制冷系统中,它是最重要的组成部分,是制冷系统的动力装置。借助这个动力装置,制冷剂在制冷系统中才能实现循环。

电冰箱压缩机按不同的分类方式有很多种,这里只介绍常见的几种:

（1）往复活塞式压缩机（见图1.2.10）

往复活塞式压缩机主要由汽缸、曲柄连杆（滑管或滑块）、活塞、吸气阀和排气阀等机构组成。它的作用是将电动机的旋转运动变为活塞的往复直线运动，从而实现改变制冷剂蒸气容积来完成气体的压缩与传送的过程。

（2）旋转式压缩机（见图1.2.11）

图1.2.10　往复活塞式压缩机

图1.2.11　旋转式压缩机

旋转式压缩机又称旋转活塞式压缩机，旋转式压缩机是电动机转子的旋转运动不需要转变为活塞的往复运动，而是直接带动活塞旋转完成压缩功能。它由汽缸、转子活塞、排气阀、排气管（排气口）、进气管（进气口）、分液器及外壳等组成。

（3）涡旋式压缩机（见图1.2.12）

图1.2.12　涡旋式压缩机

全封闭涡旋式压缩机是一种新型的高效率压缩机，其结构独特，运转宁静，与全封闭旋转式和全封闭往复式压缩机相比较，其零部件很少，振动极微，噪声很小。它主要由排气口、涡旋定子、涡旋转子、防自转环、曲轴及吸气口等组成。

图1.2.13　百叶窗式冷凝器

2. 热交换器——冷凝器的种类和结构

从压缩机出来的温度为50～70 ℃的热的气态制冷剂被喷射入冷凝器。冷凝器的管路和散热片吸收热量，外界的空气流过冷凝器，在此过程中，吸收热量并冷却制冷剂。当制冷剂被冷却到一定的温度和压力下成为液态，除前面介绍的钢丝式冷凝器外，常见的还有以下几种：

（1）百叶窗式冷凝器（见图1.2.13）

一般用直径为5 mm左右、壁厚为0.75 mm的铜管或复合管弯曲成蛇形管，紧卡或点焊在厚度为0.5 mm、冲有700～1 200个孔的百叶窗形状的散热片上，靠空气的自然对流来形成冷凝作用。

（2）内嵌式冷凝器：它是将冷凝器盘管安装在箱体外壳内侧与绝热材料之间，利用箱体外壳散热来达到管内制冷剂冷凝的目的。

图 1.2.14　翅片式冷凝器

（3）翅片式冷凝器（见图 1.2.14）

它是一种空气强迫对流式冷凝器，它的结构为翅片盘管式，即在 9～10 mm 直径的 U 形铜管或钢管上，按一定片距套装上一定数量的片厚为 0.2 mm 的铝质或钢质翅片，经过机械胀管和用 U 形弯头焊接上相邻的 U 形管后，就构成了一排排带肋片的管内为制冷剂通道、管外为空气通道的冷凝器。

3. 热交换器——蒸发器的种类和结构

制冷剂经冷凝器冷凝成液体，经毛细管节流降压后送到蒸发器内，体积膨胀，制冷剂在蒸发器汽化并吸收被冷物质热量，把冰箱内的热量吸收带出。常用电冰箱蒸发器种类如下：

（1）管板式蒸发器（见图 1.2.15）

管板式蒸发器是用紫铜管或铝管盘绕在黄铜板或铝板围成的矩形框上焊制或粘接而成的。它具有结构牢固可靠，设备简单，规格变化容易，使用寿命长，不需要高压吹胀设备等优点，但传热性差。它主要用在直冷双门电冰箱的冷冰室上。

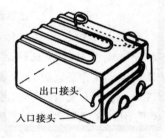

图 1.2.15　管板式蒸发器

（2）铝复合板式蒸发器（见图 1.2.16）

铝复合板式蒸发器是利用铝锌铝三层复合金属冷轧板吹胀加工而成。它利用自然对流方式使空气循环。其特点是传热效率高，降温快，结构紧凑，成本低。它主要用在直冷式单门或双门电冰箱上。

（3）翅片管板式蒸发器（见图1.2.17）

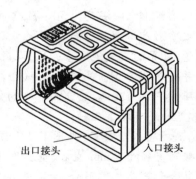

图 1.2.16　铝复合板式蒸发器

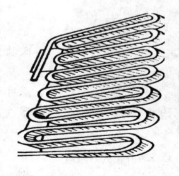

图 1.2.17　翅片管板式蒸发器

翅片管式蒸发器是由蛇形盘管和行高 15～20 cm 经弯曲成形的翼片组成。它多用在小型冷库和直冷式双门冰箱的冷藏室上。其结构简单，除霜方便，一般不用维修，缺点是自然对流对空气流速慢，传热性能较差。

4. 干燥过滤器（见图1.2.18）

干燥过滤器的作用是吸附制冷剂中的水分,过滤制冷循环系统中的污物的灰尘。

它主要由直径为13～14 mm、长度100～180 mm的粗铜管制成,进出口处装有120～200目(单位面积内孔的数目多少)粗细的金属滤网,其间装有吸收水分的干燥剂,也称吸湿剂。它的品种很多,如分子筛、硅胶、活性氧化铝及硫酸钙,但常用的理想的吸湿剂是分子筛。干燥过滤器因吸收水分太多而不能继续使用,需进行再生活化处理,也容易出现脏堵和冰堵。其冰堵表现是制冷剂流动声音微弱,温度明显低于环境温度甚至出现结霜现象,但经过一段时间后又会正常制冷,而过一段时又出现上述故障。其特征和毛细管冰堵基本一样,干燥过滤器的脏堵是由于机械磨损产生的杂质,制冷系统在装配时未清除干净或制冷剂,冷冻油中有杂质而产生的故障,故障特征与毛细管出现脏堵时基本一致。

图1.2.18　干燥过滤器

思考与练习

冷凝器和蒸发器在结构上比较相似,它们可以互换吗?

学习检测

1. 电冰箱压缩机有3根管子,分别是_____、_____和_____。

2. 电冰箱压缩机电机中启动绕组的电阻_____运行绕组的电阻(填大于或小于)。

3. 干燥过滤器的作用是_____。

4. 热交换器有_____和_____两种。

5. 蒸发器有_____、_____、_____、_____等几种。

6. 冷凝器有_____、_____、_____、_____等几种。

7. 在蒸发器末端的制冷剂呈_____态(填气、液或固)。

8. 简述压缩机的作用。

9. 毛细管的作用是什么?

10. 干燥过滤器的作用是什么?

任务 3 使用专门工具

一、任务描述

在电冰箱、空调器和冷藏库等制冷设备的生产、维修工作中,往往会遇到切割、弯曲和焊接管道。因此,正确地加工制作管道,是保证生产、维修制冷设备的重要内容。本任务主要介绍管道的加工。完成这一任务的作业流程如图 1.3.1 所示。

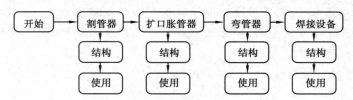

图 1.3.1 作业流程

二、知识能力目标

能力目标:1. 学会用专门工具切割铜管。
　　　　 2. 学会做喇叭口和杯形口。
　　　　 3. 学会焊接铜管。
知识目标:1. 了解专门工具的结构。
　　　　 2. 掌握专门工具的使用方法。

三、作业流程

1. 割管器

在生产和维修过程中,需要将铜管进行切割。如果工艺不能达到要求会严重影响产品质量。因此,切割铜管需要专门的工具——割管器。

图 1.3.2 割管器

(1)割管器(又称割刀)的作用和组成

制冷设备维修中的割管器,不同于一般管道工用的管子割刀。它的体积小,是用来切割制冷系统管道(紫铜管)的专用工具。它主要由导轮、刀片和手柄(可旋转)等组成,如图 1.3.2 所示。

（2）割管器的使用

正确使用割管器是保证加工管道质量的重要环节。如图1.3.3所示为割管器的使用方法。

使用割管器时将被割管道放入导轮之上，旋转手柄，使刀片接触到管道，形成导轮与刀片夹持管道。此时割管器围绕被割管道旋转一周，手柄旋转1/4周（称为进刀）。这样往复循环操作，直到将此管道切断。

温馨提示：使用时不要把手柄旋转得过紧（进刀量不要过大），否则有可能损坏刀片。再者由于铜管质地较软，也有可能把铜管压扁，造成铜管变形，影响铜管加工质量，特别是切割直

图1.3.3　割管器使用

径是10 mm以上的更应该注意。要求切割的铜管切口整齐、光滑、平直、圆整，割管器刀口未崩裂。

想一想

为什么要用割管器不用钢锯将铜管切断？

2. 扩口胀管器

在制冷设备的生产和维修中，通常需要用螺纹进行铜管的连接，如：空调器的室内机与室外机的连接，充注制冷剂时钢瓶和制冷系统的连接，等等，也需要相同直径的铜管与铜管的连接。为了保证管道的气密性，先要对铜管进行加工。前者要将铜管做成喇叭口（又称铜管翻边）后进行连接，后者将铜管做成杯形口后进行连接。做喇叭口、杯形口需要专门的工具——扩口胀管器。

手柄　　　　　　　顶压器

夹具卡孔　　　　　冲头

螺母　　　　　　　夹具

图1.3.4　扩口胀管器

（1）扩口胀管器的作用和组成

扩口胀管器是用来加工喇叭口和杯形口的专用工具，主要由夹具、顶压器和冲头等组成，如图1.3.4所示。

（2）扩口胀管器的使用

正确使用扩口胀管器是保证做喇叭口和杯形口质量的关键。如图1.3.5所示为扩口胀管器的使用方法。

1）做喇叭口（见图1.3.5）

用扩口胀管器做喇叭口操作步骤：

①旋转夹具螺母打开夹具。

②将铜管夹装在相应的夹具卡孔中,铜管露出夹板面适当长度,旋紧螺母直至夹牢。

③夹装顶压器:将涂有少许润滑油的锥形冲头装在顶压器螺杆上,再用顶压器夹住夹具(锥形冲头正对管口)。

④扩喇叭口:顺时针旋转手柄3/4圈,退出1/4圈直至扩成喇叭口。

2)做杯形口(见图1.3.6)

用扩口胀管器做杯形口操作步骤:

①左手固定螺母,右手旋动锥形冲头直至取下。

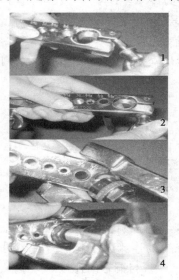

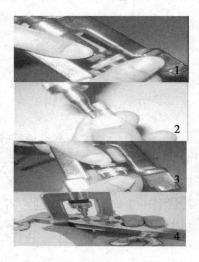

图1.3.5　做喇叭口　　　　　　　　图1.3.6　做杯形口

②根据铜管直径选取圆柱形冲头并量出铜管露出夹具面的高度。

③将锥形冲头内的钢珠装圆柱形冲头,安装上圆柱形冲头。

④做杯形口:与做喇叭口相同,夹装顶压器,顺时针旋转手柄3/4圈,退出1/4圈直至扩成杯形口。

温馨提示:在选择夹具卡孔时要注意公制和英制,公制用3,4,5,6,8,10,12,14,16,20等表示。英制用1/4,1/2,1/8等表示。加工时,注意铜管露出夹具面的高度,在旋转手柄时速度不要太快。要求扩胀出的喇叭口和杯形口端面要平整、圆滑,圆锥面和圆柱面没有破口。

 想一想

铜管与铜管连接不做喇叭口和杯形口行吗?

3. 弯管器

在制冷设备的生产和维修过程中,通常需要将管道进行弯曲。大部分都是弯曲成 90°,只要少部分弯曲成180°。为了保证生产和维修时的产品质量,在弯曲部分首先对铜管进行退火处理,然后使用专门的工具进行弯曲。但是对 4 mm 以下管径的铜管,可以用手直接弯曲。

(1)滚轮式弯管器的作用和组成

滚轮式弯管器是用来弯曲管道的专门工具,主要由手柄、弯管器滚轮和弯管角度盘等组成。如图 1.3.7 所示为滚轮式弯管器。

弯管角度盘　手柄
弯管器滚轮　卡槽

图 1.3.7　滚轮式弯管器　　　　　图 1.3.8　弯管器使用

(2)滚轮式弯管器的使用

正确使用弯管器是保证弯曲铜管质量的关键。如图 1.3.8 所示为弯管器的使用方法。

滚轮式弯管器的操作步骤:

①将铜管套入相应的弯管器卡槽内,同时铜管弯曲起点对准弯管角度盘的0/0。

②手持手柄先压向铜管,然后慢慢旋转,使 0 对准 180(以弯曲180°为例)。铜管弯曲结束。

温馨提示:弯曲的铜管延伸性好,铜管壁厚度为 1 mm 左右。弯曲前铜管应预先进行退火处理,铜管的规格与弯管器的规格一致。弯曲过程中一定要慢慢旋转手柄,否则弯曲部分会发生凹瘪。要求弯曲部分圆滑,没有凹瘪和翘变。

4. 焊接设备

铜管与铜管的连接除了使用螺纹连接以外,更多的需要焊接连接。因此,学会焊接设备的使用,是保证生产和维修制冷设备质量的关键。这里主要介绍用乙炔气-氧气的便携式气焊设备。

(1)便携式气焊设备的作用和

压力表　压力表
乙炔气瓶　氧气钢瓶
连接管　焊炬

图 1.3.9　便携式气焊设备

组成

便携式气焊设备是用来连接制冷系统管道的专门工具。它主要由氧气钢瓶、乙炔气（也可用液化石油气）瓶、橡胶输气管（连接管）、焊炬（又称焊枪）等组成，如图1.3.9所示。

图1.3.10　气焊设备的使用

（2）便携式气焊设备的使用

正确使用便携式气焊设备是保证焊接质量的关键。如图1.3.10所示为便携式焊接设备的使用方法。

便携式气焊设备操作步骤：

①打开氧气瓶的总阀门，将输出压力调节为0.15~0.2 MPa。

②打开乙炔气总阀门，将输出压力调节为0.01~0.05 MPa。

③打开焊炬上乙炔气的调节阀，使喷火嘴中有少量的乙炔气喷出。

④用打火机靠近喷火嘴，明火点燃，喷火嘴有火苗，调节火苗至适当大小。

⑤缓慢调节氧气调节阀门，使火焰的内焰呈亮蓝色，外焰呈天蓝色。这种火焰称为中性焰。

⑥对准铜管连接处加热，当铜管呈樱桃红色时，将焊条放在焊口处使之熔化，等待焊接处都有熔化的焊液，焊炬离开焊接处。让铜管自然冷却。

特别注意：熄火时，先关焊炬上的氧气调节阀门，然后关闭乙炔气调节阀门。如果先关乙炔气调节阀门，然后氧气调节阀门，焊炬会发出爆炸声。

铜管的连接除了用气焊接外，还能采用哪些焊接？

加工一根铜管，具体内容是，将一根弯曲成90°和一根弯曲成180°的铜管焊接起来。找同学给你进行操作评价。

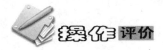 **操作** 评价

学习情况如何,工具会使用吗?加工出来铜管质量如何?对工具的使用和加工铜管的情况,请根据表1.3.1中的要求进行评价。

表1.3.1　工具的使用和加工铜管情况评价表

序号	项目	配分	工具使用	配分	铜管加工质量	得分
1	切割铜管	10	割管器: 1.刀片对准标记　　　5分 2.旋转一周进刀一次　5分	10	1.切口整齐、光滑　　　5分 2.割管器刀口未崩裂　2.5分 3.铜管平直、圆整　　2.5分	
2	弯曲铜管	10	弯管器: 1.铜管弯曲处对着弯管角度盘的0/0对齐　　　　　5分 2.慢慢旋转手柄使0位对准弯曲的角度　　　　　5分	10	1.铜管弯曲平滑　　　5分 2.铜管弯曲没有凹瘪　2.5分 3.铜管弯曲后没有发生翘变　　　　　　　　2.5分	
3	做杯形口	10	胀管扩口器: 1.做杯形口铜管露出夹板面是冲头高度　　　　　5分 2.旋转手柄3/4圈,退出1/4圈　　　　　　　　5分	10	1.杯形口端面要平整、圆滑　　　　　　　　5分 2.圆柱面没有破口　　5分	
4	气焊	30	1.检测焊具是否漏　　5分 2.氧气瓶输出压力为0.15~0.2 MPa　　　　　5分 3.乙炔气输出压力为0.01~0.05 MPa　　　　　5分 4.先开乙炔再开氧　　5分 5.火焰为中性焰　　　5分 6.熄火时先关氧气再关乙炔　　　　　　　　5分	10	1.焊接表面没有凹凸不平、短缺现象　　　　　　2分 2.接口处没有气泡或气　2分 3.焊接表面圆滑、光洁,管接口处没有烧熔化　4分 铜管接口处没有开裂　2分	
安全文明操作	违反安全文明操作(视其情况进行扣分)					
额定时间	每超过5 min扣5分					
开始时间		结束时间		实际时间		成　绩
综合评议意见						
评议人			日　期			

知识探究

1. 乙炔气-氧气焊接设备

气焊设备是加工管道和维修制冷设备必不可少的工具。它主要由以下部分组成：

(1) 氧气钢瓶

氧气钢瓶是用来存储和运输氧气的一种高压容器，其容积为 40 L（轻型氧气瓶容积 2~10 L），标准压力为 15 MPa，瓶上接头处安装有压力表，指示氧气压力，还装有减压调节阀，从而可以调节输出氧气的压力。

(2) 乙炔气（也可用液化石油气）瓶

乙炔气瓶是存储和运输乙炔气体的一种高压容器，钢瓶最大压力约为 2.0 MPa，乙炔含有约 93% 的碳和 7% 的氢，当与纯氧气混合，点燃后可产生高温火焰。

(3) 橡胶输气管（连接管）

连接管有两根：一根是氧气输气胶管（红色），工作压力为 1.5 MPa，试验压力为 3.0 MPa；另一根是乙炔输气胶管（黑色），工作压力为 0.5 MPa。输气管长度为 10~15 m，太长容易增加气流流动的阻力。

(4) 焊炬（又称焊枪）

焊炬是用来使氧气和乙炔气按正确的比例混合，并以点燃后的高温火焰来焊接管路接头。

2. 氧气、乙炔气和液化石油气的性质

(1) 氧气的性质

氧气在常温常压下是一种无色、无味、无毒的气体，比空气稍重。氧气本身不能燃烧，但有很强的助燃作用。高压氧气在常温下能和油脂物质发生化学反应，引起发热、自然或爆炸。因此，氧气瓶、连接管、焊炬、手套严禁油脂。

(2) 乙炔气的性质

乙炔气是一种无色的碳氢化合物，含有磷化氢、硫化氢和氨，故有刺鼻的异味。乙炔本身不能完全燃烧，只有与 1 倍以上的氧气混合后方可完全燃烧。乙炔在氧气的助燃下，火焰的最高温度可达 3 200 ℃ 左右，是气焊中理想的气体。乙炔气在高温或 198 kPa 的气压下，有自然或爆炸的危险。在低压下振动、加热、锤击，也有爆炸的危险。

(3) 液化石油气的性质

液化石油气是液化石油的副产品，主要成分是丙烷、丁烷、丙烯及丁烯等碳氢化合物。在常温常压下是气体状态存在，只要加上 0.8 MPa 左右的压力就变为液体。液化石油气与氧气混合，可以获得理想的火焰，温度可以达到 2 500 ℃ 左右。由于液化石油气使用安全、卫生、方便，通常被制冷设备维修部门采用。

3. 火焰的种类与调节

（1）火焰的种类

1）乙炔气-氧气焊接火焰的种类（见表1.3.2）

表1.3.2　乙炔气-氧气焊接火焰

火焰分类	火焰调节	示意图	说　明
碳化火焰	刚点燃后的火焰，一般是碳化火焰	明亮的蓝色焰心　天蓝色外焰　蓝色内焰	乙炔气的含量超过氧气含量产生碳化火焰，温度在2 700 ℃。适用钎焊铜管与钢管
中性火焰	在碳化火焰的基础上逐渐增加氧气，直至焰心有明显的轮廓	明亮的蓝色焰心　天蓝色外焰	乙炔气和氧气含量合适产生中性火焰，温度在3 100 ℃。适用钎焊铜管与铜管
氧化火焰	在中性火焰基础上再增加氧气。火焰变为蓝色	比中性火焰略暗　明亮的蓝色焰心　天蓝色外焰	氧气含量超过乙炔气的含量产生氧化火焰，温度在3 500 ℃。会造成焊件的烧坏，不适用于制冷管道的焊接

2）液化石油气-氧气焊火焰的种类（见表1.3.3）

表1.3.3　液化石油气-氧气焊火焰

火焰分类	火焰调节	示意图	说　明
碳化火焰	刚点燃后的火焰，一般是碳化火焰	焰心　外焰	氧气含量少于液化石油气为碳化火焰，温度为2 500 ℃左右。适用铜管与钢管焊接
氧化火焰	在碳化火焰的基础上逐渐增加氧气	焰心　外焰	乙炔气和氧气含量合适为氧化火焰，温度为2 900 ℃左右。适用钎焊铜管与铜管，钢管与钢管的焊接

（2）火焰的要求

1）火焰温度足够高。但不能太高，以不使金属碳化为此。

2）火焰热量要集中、体积小，焰心要直。

3）火焰不能离开喷火嘴。产生这种现象的原因是乙炔开关开得过大。

4. 焊条和焊剂

（1）焊条

焊条是气焊接过程中不可缺少的材料，是管道连接的纽带。它的性能直接影响焊接的质量，因此，不同材料的管道应该选择不同的焊条。常见的焊条有银铜焊条、铜锌焊条和铜磷焊条等。常用国产焊条的类别、牌号、性能和适用范围如表 1.3.4 所示。

表 1.3.4　常用国产焊条的类别、牌号、性能和适用范围

类　别	牌　号	主要元素含量/%				焊接温度 /℃	适用范围
		Ag	Cu	Zn	p		
银铜焊条（Ag　Cu　Zn）	料 301	9.7 ~ 10.3	52 ~ 54	35 ~ 38		815 ~ 850	铜与铜、铜与钢、钢与钢使用焊剂
	料 302	24.7 ~ 25.3	39 ~ 41	33 ~ 36.5		745 ~ 775	
	料 303	44.5 ~ 45.5	29.5 ~ 31.5	23.5 ~ 26		660 ~ 725	
	料 312	39 ~ 41	16.4 ~ 17.4	16.6 ~ 18.6	0.1 ~ 0.5	595 ~ 605	
铜磷焊条（Cu　p）	料 909	1 ~ 2	91 ~ 94		5 ~ 7	715 ~ 730	铜与铜不用焊剂
	料 204	14 ~ 16	78 ~ 82		4 ~ 6	640 ~ 815	
	料 203		90.5 ~ 93.5		5 ~ 7	650 ~ 700	
铜锌焊条（Cu　Zn）	料 103		52 ~ 56	44 ~ 48		885 ~ 890	铜与铜、铜与钢、钢与钢使用焊剂

（2）焊剂

焊剂的作用是保证焊接过程顺利进行和获得致密的焊接效果。在焊接过程中，它能清除焊件上的氧化物或杂质，同时保护焊料和母材免于氧化。通常使用的焊剂是硼酸、硼砂和硅酸。焊剂的熔渣对金属有腐蚀作用，因此，焊接完毕后必须完全清除。

5. 焊接的结构形式

（1）相同管径的焊接

相同管径的焊接应采用插入式的焊接结构，就是铜管的一端杯形口，接口部分内外表面用砂布擦亮，不能有毛刺、锈蚀或者凹凸不平。另一根铜管也按此方法清理干净，然后插入扩口内压紧，简称插焊。

如果插焊受到铜管长度的限制，可以采用短套管结构焊接。

（2）不同管径的焊接

不同管径的焊接方法是：将铜管清理干净，小管插入大管中插入长度为 25～30 mm，用夹钳夹扁大管，其夹扁长度为 15～20 mm。夹扁时，不能将小管夹扁。

思考与练习

1. 使用割管器时要注意什么？
2. 使用弯管器时要注意什么？
3. 使用扩口胀管器时要注意什么？
4. 使用便携式气焊设备要注意什么？

一、填空题

1. 在使用扩口胀管器时要顺时针旋转手柄 3/4 圈，退出_____圈。

2. 在弯曲铜管的过程中一定要_____旋转手柄，否则弯曲部分会发生凹瘪。

3. 焊接完毕在熄火时，先关焊炬上的_____调节阀门，然后关闭_____调节阀门，焊炬才不会发出爆炸声。

4. 焊接工作场所要_____，严禁_____、严禁放置_____物品。

5. 优质的焊接表面不会出现_____现象，接口处不会出现_____，接口处没有_____和_____。

6. 乙炔气-氧气焊接火焰有_____种，分别是_____焰、_____焰和_____焰。

二、判断题

1. 割管器是用来切割制冷系统管道（紫铜管）的专用工具。　　　　（　　）
2. 做杯形口的目的是进行管道的螺纹连接。　　　　（　　）
3. 滚轮式弯管器可以弯曲出 360° 的铜管。　　　　（　　）
4. 在焊接的操作过程中先打开氧气阀，再打开乙炔气阀。　　　　（　　）
5. 乙炔和氧气钢瓶距离火源或高温热源不得小于 2 m。　　　　（　　）
6. 氧气钢瓶的容积一般为 40 L。　　　　（　　）

任务4　拆装电冰箱制冷系统

一、任务描述

在维修电冰箱的过程中,通常需要检查和更换器件。如果不能正确拆装器件,会扩大电冰箱故障。因此,本任务是学习正确拆装电冰箱制冷系统器件。通过对电冰箱几大部件的拆、装、维护、判别,具备能熟练进行部件维修,整体复原的能力。现场准备单、双门电冰箱数台,除常规工具外,还需配备焊具一套,氮气瓶、制冷剂钢瓶,检漏工具或肥皂水,真空泵,封口钳,三通维修阀,五通维修阀,等等。其作业流程如图1.4.1所示。

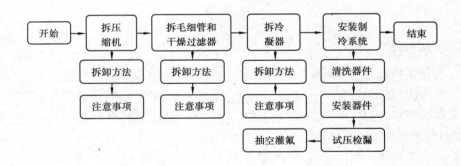

图1.4.1　作业流程

二、知识能力目标

能力目标:1.学会拆装电冰箱几大部件。

　　　　2.学会清洗电冰箱部件。

　　　　3.学会电冰箱制冷系统的检漏、试压、抽空、加氟。

知识目标:1.了解热力学第一定律、物质三态的变化和条件。

　　　　2.掌握电冰箱制冷循环系统的组成。

　　　　3.理解制冷循环系统的工作原理。

三、作业流程

1.拆卸压缩机

在电冰箱维修中,有时要更换压缩机,或者更换压缩机中的冷冻油,以及其他维修均需对压缩机进行拆卸。如图1.4.2所示为压缩机的正确拆卸方法。

1)拆下压缩机的供电电路部件,如过载保护器、启动器及连接线。

2)焊开连接压缩机的低压管和排气管。然后拆下压缩机的机座螺钉和减振弹簧,即可将压缩机卸下进行检修或更换。

注意:

①不要伤及压缩机的3根接线柱,焊裂焊堵压缩机的3根管子,严禁污物、粉尘、金属颗粒等掉进压缩机内。

②焊接前应先放掉管内的制冷剂,并敞开工艺维修管。

启动器、过载保护

焊下低压管

图1.4.2　拆卸压缩机

2.拆干燥过滤器和毛细管

在电冰箱的维修过程中,要排除堵的故障,通常需要更换毛细管和干燥过滤器。如图1.4.3所示为拆卸毛细管和干燥过滤器。

在系统没有制冷剂的前提下,先焊下毛细管,再焊下干燥过滤器的输入管,让干燥过滤器与系统分开、取下。

图1.4.3　焊拆干燥过滤器和毛细管

注意:拆卸过程中,不能焊堵,如堵上,只能将被堵端折断,不能剪断,否则会伤及毛细管口,然后再将裸露在外的毛细管需要更换的部分折断,即可取下缠绕在低压回气管上的毛细管。将拆下的毛细管拉直以后,量下长度,作好记录即可进行更换同径、同长度的毛细管。

3.拆卸冷凝器

在电冰箱维修过程中,往往需要拆下冷凝器进行检测和维修,正确的拆卸是保证维修质量的关键。如图1.4.4所示为冷凝器的正确拆卸方法。

拆卸步骤:

1)用焊枪焊下冷凝器的输入和输出端管子。

2)拆下固定在冷凝器的螺栓,取下冷凝器进行检修或更换。

图1.4.4　拆卸冷凝器

注意:由于大部分冷凝器都是铁管,在焊接时,应不能损坏管口,不能堵塞和有裂缝。

4.安装制冷系统

（1）对制冷系统部件进行清洗

在对制冷系统的部件进行维修或更换以后，装回去之前，要对管道及部件进行清洗，以彻底排除管道内的脏物、水分和空气等。对部件的清洗又称"气洗"，一般用高压氮气进行气洗。它主要是利用高压氮气将部件内部的油污杂质，特别是水分吹走，以达到排堵的目的。对管道（除开取下的部件以外）的清洗方法是：用 0.5 MPa 左右的氮气通过维修阀进行清洗，注意时间控制。技巧是用手堵住出口一段时间，又突然放开，气流猛烈冲出，这样达到去污去水分的目的，可反复多次进行这种方式，效果好。

（2）制冷系统的安装

部件、管道清洗完后就可对部件进行安装，一般要沿原焊接位置装回去，按拆下的步骤反过去做，就可实现准确的安装。在装配中应注意以下3点：

1）部件的规格和型号一定要和原件相同或能互相通用，特别是毛细管的长度和规格。

2）装配一切要注意装配压量和顺序，怎样拆下来的，就怎样装回去，特别是螺钉的大小和长短不能混用，不能少装或不装。

3）装配中一定要慎重、仔细，特别是过程中，避免出现新的故障。例如，更换毛细管过程中出现堵的故障，更换压缩机，因连接线错误导致压缩机不工作，或烧毁压缩机，一定要对相关电路进行仔细检查。

（3）试压检漏

仔细检查电冰箱装配完毕后，必须对全系统再进行试压检漏，检漏工作也可以在维修前进行判断故障部位的操作。试压是手段，检漏是目的。试压检漏一般用的是氮气，大家都要学会用氮气对管道系统进行检漏，其具体的方如下：

1）整机检漏

一般打开压缩机工艺管，连接上三通维修阀，再连接氮气瓶，调节减压阀，使输出气压控制在 0.8 MPa 左右，打开维修阀，向冰箱系统加注氮气。一般泄漏处都可发现有油渍，应重点观察如图 1.4.5 所示。

重点是对各管道连接处和部件连接部位检漏，如外观有损伤的管道部分；压缩机的接线柱；三管的管口及端点部位进行检漏。如没有发现漏点，但表压下降，可怀疑是不是有内漏。必须分高低压段进行检漏。

2）高压段检漏（见图 1.4.6）

图 1.4.5　整机检漏

高压管

图 1.4.6　高压段检漏

拆开压缩机高压输出端与冷凝器管的管子,在冷凝器管子上连接维修阀,将干燥过冷滤器输出端的毛细管剪断,并焊堵。通过维修阀向其充注1 MPa的高压氮气进行保压,如表压下降,外面管道又无泄漏,可怀疑是门封管及内藏的冷凝管有泄漏。

3)低压段检漏(见图1.4.7)

将压缩机低压回气管拆开,回气管焊接维修阀,将毛细管切断并焊堵,通过修理阀向系统加注0.8 MPa左右的高压氮气,并对可视部位进行检漏。如没发现漏点,表压又下降,则怀疑蒸发器内漏,需开背进行进一步维修。

4)压缩机检漏(见图1.4.8)

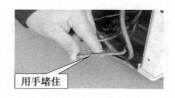 

图1.4.7　低压段检漏　　　　　图1.4.8　压缩机检漏

焊堵高压管口和低压管口,工艺管接维修阀,加入1 MPa左右高压氮气,对焊缝和接线柱端进行检漏,或者直接拆下压缩机,浸入水中进行检漏观察(有无气泡冒出)。

特别注意:以上检漏,如无氮气,可用制冷剂替代,但因压力较小,效果一般。但决不允许用高压氧气替代。

(4)试压

试压一般是指对故障电冰箱维修完毕后,对管道进行长时间保压,以确保系统无其他漏点,加入1 MPa高压氮气保压时间一般为24 h,试压时注意检查表接头、连接气管、维修阀门等有无泄漏,以免表压下降造成误判。试压也可能是整机,也可能是分段试压,视其情况而定。

(5)抽空灌氟

电冰箱经试压检漏合格以后,应对全系统进行抽真空和加注制冷剂。

1)用抽空机对系统抽空(见图1.4.9)

从压缩机的工艺维修管口处抽真空。制冷设备维修好后,就利用工艺维修表阀,连接真空泵进行抽空。其具体操　　图1.4.9　抽空机抽空
作是:先关闭修理阀开关,启动真空泵,运行正常后,再缓缓打开修理阀开关,进行抽空。

2)用压缩机自身排空(见图1.4.10)

在干燥过滤器靠近入口处钻一小孔,焊接上一根毛细管,压缩机工艺管上焊接三通维修表阀。关闭阀以后,启动压缩机工作,这时毛细管口处有大量气体排出,随着时间的增加,排气量逐渐减少,后可用口杯装清水,将毛细管插入口杯中,发现气泡逐渐

减少,直到完全无气泡为止。

3)低压段充注制冷剂法(见图1.4.11)

高压排空

低压加注制冷剂

图 1.4.10　压缩机自身排空　　图 1.4.11　低压段充注制冷剂

观察系统运行情况,工作一段时间后,摸冷凝器散热是否均匀,蒸发器结霜情况,当回气管刚好结露而不结霜时为最佳状态。要达到最佳点应反复进行操作。

特别注意:制冷剂为气体加注,不允许倒立钢瓶,加入液体,否则会损坏压缩机。

想一想

如果毛细管与干燥过滤器安装反是什么现象?

做一做

拆装一台电冰箱制冷系统,让同学给你评价。

操作评价

拆装电冰箱制冷系统,学会了多少,请根据表1.4.1中的要求进行评价。

表 1.4.1　拆装电冰箱制冷系统评价表

序　号	项　目	配　分	评价内容		得　分
1	部件装拆	30	1.会拆装压缩机	10 分	
			2.会拆装冷凝器	10 分	
			3.会拆装毛细管、干燥过滤器	10 分	
2	部件清洗	30	1.会用氮气清洗压缩机	10 分	
			2.会用氮气清洗冷凝器	10 分	
			3.会用氮气清洗蒸发器	10 分	

续表

序　号	项　目	配　分	评价内容		得　分
3	整机装配	40	1. 会对制冷系统进行检漏	10分	
			2. 会对整机进行保压试验	10分	
			3. 会对整机进行抽真空	10分	
			4. 会对整机进行加注制冷剂	10分	
安全文明操作		违反安全文明操作(视其情况进行扣分)			
额定时间		每超过5 min扣5分			
开始时间		结束时间	实际时间	成　绩	
综合评议意见					
评议人			日　期		

知识探究

1. 典型制冷系统的结构

(1)直冷式单门电冰箱制冷系统的结构(见图1.4.12)

该系统的结构特点是:实现制冷的部件是一个盒式蒸发器安装在箱体的上部,其盒体内的容积可用来作冷冻室,箱内空气依靠的自然对流,冷气下坠的原理来达到冷藏食品的目的。它的工作过程和制冷剂的状态流向是这样的:压缩机→冷凝器(对外放热)→防露管(门封保温防露)→干燥过滤器(滤除杂质,吸收水分)→毛细管(节流降压)→蒸发器(对内吸热)→回到压缩机。通过蒸发器对内吸热保持箱体内的低温,冷凝器把吸收的热量再传到周围的空气中去。

(2)直冷式双门双温单毛细管制冷系统的结构(见图1.4.13)

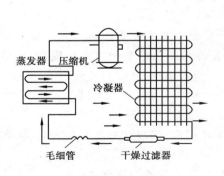

图1.4.12 直冷式单门电冰箱制冷系统的结构

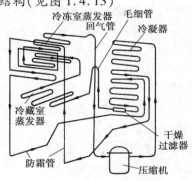

图1.4.13 直冷式双门双温单毛细管制冷系统

该系统的工作特点是:冷冻室和冷藏室各有一个蒸发器,实现制冷的双温,并且各有一扇门开和关形成双门。

制冷剂在系统中的流动过程是:压缩机排出高温高压的气体经主、副(或一左,一右)两个冷凝器对外放热后,再流经箱门四周的防露管(使门框保持温热而不至于结露,也是为了保持门封条的弹性,延长使用的寿命),从冷凝器出来的中温高压的液体再流经干燥过滤器滤除杂质,吸收水分以后,经毛细管节流降压以后,变成低温低压的液体,首先进入冷藏室蒸发器对内吸热,然后继续流经冷冻室蒸发器,再次对内吸热,使制冷剂完全汽化而成为低温低压气体再流回压缩机。由于两个蒸发器的结构不同,故温度也不同。冷冻温度一般为 $-18 \sim -12\ ℃$,冷藏温度一般为 $-10 \sim 0\ ℃$。

(3)直冷式双门双温双毛细管电冰箱制冷系统的结构(见图 1.4.14)

该系统的工作特点是:在制冷系统中串联了两根毛细管,以实现冷冻室和冷藏室制冷剂在不同压力下的蒸发过程。当制冷剂在对冷藏室对内吸热后再流经冷冻室前,经毛细管再一次节流降压。以确保流经冷冻室的制冷剂是全部低温低压的液体,以便能更好地完成在冷冻室的吸热过程。

(4)间冷式双门双温双控制电冰箱制冷系统的结构(见图 1.4.15)

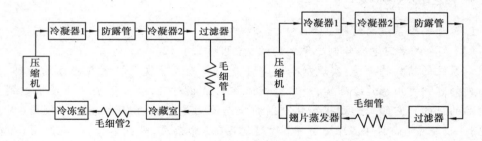

图 1.4.14　直冷式双门双温双毛细管
电冰箱制冷系统

图 1.4.15　间冷式双门双温双控制
电冰箱制冷系统

该系统的工作特点是:用翅片盘管式蒸发器安装在冰箱夹层里,利用小型电风扇强制分别对冷冻室和冷藏室实行强制空气对流(见图 1.4.16),吸入热空气经过翅片蒸发器吸热后变成极冷的冷空气再传回冷冻室或冷藏室对食物进行热交换。由于冷冻室是靠冷风来间接实现制冷的,故不存在食物粘连在箱底和箱壁的现象,也称无霜制冷电冰箱。

2.物质三态的变化和条件、热力学定律

(1)物质的三态变化和条件

世界的物质都有固态、液态和气态 3 种物理形式,实现这三态之间的转换,都是通过物体吸热或放热来完成的。

物体由固态→液态→气态是一个吸热的过程,物体本身被加热;

物体由气态→液态→固态是一个放热的过程,物体本身的热量被带走。

固态:分子间引力大,距离最小,具有一定的形状。

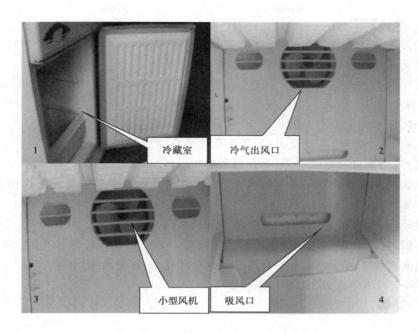

图 1.4.16　小型电风扇强制空气对流

液态:分子间引力较小,距离较大,分子间可以相互移动。因此,液体具有流动性,没有一定的形状。

气态:分子间引力很小,距离很大,分子间没有约束力,随时进行着不规则的运动。因此,气体没有形状,体积可被压缩减小和膨胀增大,没有固定的体积。

实现热能与机械能的转换或热能的转移都要具有一些条件。其中,最主要的条件就是要有能携带热能的一种工作物质,并且本身能够不断发生形状的改变,这种能够实现能量的转移和物质形态改变的物质,则称为工质。

工质的热力性质和能量转换规律就是热力学研究的内容。

(2)热力学定律

能量守恒及转换的定律是:能量既不能被创造也不能被消灭,只能从一种形式转换成另一种形式,或从一个系统转移到另一个系统。把这一定律运用于热力学的研究中,就是热力学第一定律。

1)热力学第一定律的表达式为

$$Q = \Delta U + W$$

式中　Q——加给工质的热量,J;

　　　ΔU——工质内能的变化值,J;

　　　W——机械功,J。

具体来说,这就是密闭容器(不流动气体)热力学第一定律的表达式,它既适用于工质的吸、放热过程,也适用于工质的对外膨胀和被压缩过程。式中,各项可以是正值,也可以是负值,且规定:工质吸热为正,放热为负,内能增加为正,减少为负,做膨胀功为正,压缩功为负。

2)热力学第一定律可表述为:加给工质的热量Q,等于工质受热以后,内能的增加值与工质受热以后对外所做的膨胀功(机械功)之和。

3.制冷原理

(1)制冷循环系统的基本组成

制冷循环系统主要是由压缩机、冷凝器、膨胀阀及蒸发器等部件组成。

压缩机:核心部件,提供动力,提高气体工质的温度和压力。

冷凝器:由专用管道组成,主要作用是对外放热,使工质液化。

膨胀阀:有机械膨胀阀、电子膨胀阀、毛细管等几种类型。常用的是毛细管,主要作用是节流降压(降低制冷剂的压力,限制流速)。

蒸发器:由专用管道组成,主要作用是对内吸热,使工质汽化。

由压缩机、冷凝器、膨胀阀(节流阀)、蒸发器以及它们之间的各种连接管道所组成的全封闭式可循环的系统就是制冷设备的制冷循环系统(也称管道系统)。

(2)制冷循环示意图(见图1.4.17)

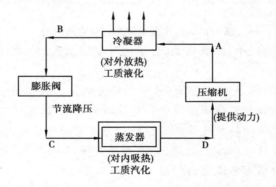

图1.4.17 制冷循环示意图

制冷系统工作时,各点制冷剂的状态描述:

A:高温高压的气体。

B:中温高压的液体。

C:低温低压的液体。

D:低温低压的气体。

(3)制冷系统的工作原理

制冷设备通电运行以后,压缩机吸入来自蒸发器的低温低压气体,通过做功把它变成高温高压的气体。传送给冷凝器对外放热以后,把它变成中温高压的液体,再传送给膨胀阀进行节流降压,把它变成低温低压的液体,又传送给蒸发器对内吸热,重新变成低温低压的气体,再传回压缩机,从而完成一次制冷循环。由于系统中制冷剂每完成一次循环,只经过了一次压缩,故这种系统称为单级压缩制冷循环系统。目前这种系统广泛用于民用和家用的电冰箱和空调器装置中。

（4）制冷剂

制冷剂是制冷系统的血液。它在制冷管道系统中不断循环流动,并不断产生相态变化,实现能量转移和传递的物质,简称制冷工质。

冰箱过去常用的制冷剂是R12,空调器目前大部分用的制冷剂是R22。R12和R22都是氟利昂类型的制冷剂。

R12和R22都对大气层有破坏作用。我国承诺在2005年停止使用氟利昂制冷剂。因此,现在不断地开发替代R12和R22的新型环保制冷剂。目前替代R12的制冷剂有R600a和R134a,其中,R600a可直接替换R12,但使用时应特别注意防火,因R600a极易燃烧和易爆炸。

R134a不能直接替换R12,要求压缩机、干燥过滤器等部件专用。其理解对比如表1.4.2所示。

表1.4.2　R134a 与 R12 的性能对比

类　别	R12	R134a
中文名称	二氟二氯甲烷	四氟乙烷
标准沸点/℃	−29.8	−26.5
凝固点/℃	−155	−101
标准液化温度时的汽化潜热/$(kJ \cdot kg^{-1})$	165.3	219.8
25 ℃时水的溶解 g/100 g	0.009	0.15

R134a和R12相比,存在一些缺点,从而对制冷设备有特殊要求。维修难度增大,主要表现为:

①R134a比R12的分子更小,其更易发生泄漏,对密封及密封材料提出了更高的要求。

②与R12的冰箱相比较,R134a工作时,会使低压段出现负压状态。因此,加注制冷剂更应注意密封,严防空气进入系统(R600a也会出现这种情况)。

③水溶解性高于R12,故更易形成冰堵故障。要提高干燥过滤器的吸水能力。

④R134的腐蚀性高,并且要用非矿物油的专用润滑油,这些都对压缩机部件等要求提高。

目前,替代R22的制冷剂有R407c和R410a。它们均为非共沸溶液制冷剂。

非共沸溶液制冷剂是由两种或两种以上的制冷剂按一定的比例混合而成。在定压下气化或液化过程中,蒸汽成分与溶液成分不断变化,对应的温度也不断变化。

已经商品化的非共沸混合物,依应用先后在400序号中顺次地规定其识别编号。

思考与练习

1. 电冰箱的蒸发器能够拆装吗？为什么？

2. 更换干燥过滤器时应注意哪些事项？

3. 能够实现制冷剂液化的部件是什么？有哪几种类型？

4. 电冰箱不制冷可能由哪些因素引起？

5. 如何判断电冰箱冰堵故障？

6. 电冰箱制冷效果差可能由哪些方面引起？

一、填空题

1. 在拆卸管道部件之前，应先将管道系统内的_____放掉。

2. 拆卸干燥过滤器时，应先焊下_____，再焊下冷凝器输出管。

3. 更换毛细管时，应注意毛细管的_____和_____应和换下的毛细管一致。

4. 更换压缩机时，应先拆卸压缩机的_____，再焊下压缩机的_____和_____。

5. 在制冷循环系统中，蒸发器是装置在_____和_____，其主要作用是_____。

二、判断题

1. 更换干燥过滤器时，应将毛细管伸出 5 mm 长，再焊接好即可。　　（　　　）

2. 对系统进行检漏时，如遇到没有氮气了，可用高压氧气代替。　　（　　　）

3. 压缩机的工艺管和低压回气管可以互换。　　（　　　）

4. "气洗"就是对制冷管道系统进行排空处理。　　（　　　）

5. 一般干燥过滤器能吸收水分 1~2 g，它的另一个作用是节流降压。　　（　　　）

任务 5　认识和检测电冰箱电气控制系统常用元器件

一、任务描述

在检修电冰箱的过程中,必然涉及电气控制系统元器件的认识和检测。因此有必要了解电气控制系统常用元器件的结构、作用和工作原理及其质量判断方法。本任务就是认识和检测电冰箱电气控制系统常用元件,其作业流程如图1.5.1所示。

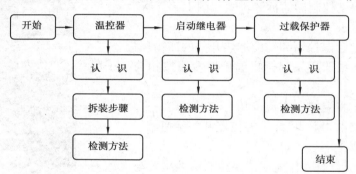

图 1.5.1　作业流程

二、知识能力目标

能力目标:1.学会拆装温度控制器。
　　　　　2.学会判断温度控制器、启动继电器、过载保护器的质量。
知识目标:1.了解温度控制器、启动继电器、过载保护器的基本结构。
　　　　　2.理解温度控制器、启动继电器、过载保护器的工作原理。
　　　　　3.掌握温度控制器、启动继电器、过载保护器的作用。

三、作业流程

1.温度控制器

温度控制器又称温度开关或温度继电器,是在制冷系统中用来调温、控温的器件。

其作用是通过调节,设定所需的控制温度,使制冷系统在选定的温差范围内运行。冰箱中最常用的是机械式温度控制器,这里以机械式温度控制器为例。

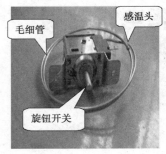

毛细管

感温头

旋钮开关

图1.5.2 机械式温控器

感温剂过多、过少或泄漏。

（1）认识机械式温度控制器

电冰箱中使用的温控器通常是机械式温度控制器（以下简称温控器）。它的外部由感温头、毛细管、旋钮开关等组成,如图1.5.2所示。它的基本工作原理是:利用感温囊（感温）中感温剂的压力变化来推动触点的通与断,即通过气体或液体的膨胀和收缩来接通或切断电路。

常见故障:触点间严重积炭、触点发生粘连,动作机构失灵;温度控制器感温管袋夹松脱;温控器感温管内

（2）机械式温度控制器的拆卸

机械式温度控制器的拆卸步骤如图1.5.3所示。

拆卸步骤:

1）取下包含温控器和辅助加热开关的冰箱顶板。

2）拔掉接线头后用起子将温控器左边按扣与卡子脱离。

3）用起子将温控器右边按扣与卡子脱离。

4）温控器取出后,可卸下温控器开关旋钮。

注意事项:

温控器进行代换时,应注意温控器的类型要与电冰箱的类型相适应,感温管尾部要足够长,更换的温控器,其温控范围要与电冰箱的星级标准相适应。由于温控器的生产厂家不相同,旋钮的可调角度、强冷点、弱冷点的位置也不相同,更换后会出现与原控制标记不相对应的情况,可按新温控器的调范围重新作标记。

温控器

温控器开关旋钮

图1.5.3 机械式温度控制器的拆卸

更换温控器后,必须检测实际的温控效果,可对温控器上温度范围高低调节螺钉进行适当调节。

（3）机械式温度控制器的检测

检测机械式温度控制器的方法较多,这里介绍温控器常见故障的简易检测方法（见图1.5.4）。

检测方法:

1）将温控器从电冰箱中取出,把温控器调节杆旋转至正常位置,用万用表 R×1 挡测量温控器两个主触点间的电阻值,正常的阻值应为零或 $1\sim2\ \Omega$。若阻值无穷大,则说明感温元件内的感温剂已漏光了;若阻值在 $10\ \Omega$ 以上则说触点间已严重积炭。

图1.5.4 机械式温控器的检测

2）在温控器阻值正常的情况下，可把温控器放入正常运行的电冰箱冷冻室内10 min左右，然后再迅速用万用表 R×1 挡测量温控器两个主触点间的阻值，正常情况下应为无穷大，若阻值为零，则说明是触点发生粘连。

3）在确认温控器触点没有粘连的情况下，用手握住温控器的感温管，然后再次测量两个主触点之间的阻值。应该看到，当手握住感温管时，两触点间会迅速导通，即万用表的显示值迅速由阻值无穷大变为阻值为零，这就说明温控器各机构工作灵敏、正常。反之，温控器损坏。

2.启动继电器

启动继电器在电冰箱压缩机控制电路中，是控制启动绕组通电和断电的器件。电冰箱中常用的启动继电器有重锤式启动继电器、PTC 启动继电器。

（1）重锤式启动继电器

1）认识重锤式启动继电器

重锤式启动继电器由电流线圈、重锤衔铁、弹簧、动触点、静触点、T 形架和绝缘壳体等组成（如图 1.5.5）。它的工作原理为：压缩机通电瞬间，接通启动绕组，形成旋转磁场带动电机运行，压缩机正常运行后断开启动绕组。

图 1.5.5　重锤式启动继电器

常见故障：触点间严重积炭（继电器中衔铁吸合与下落时发出"嗒嗒"声）；触点发生粘连。

图 1.5.6　重锤式启动继电器
的检测

2）重锤式启动继电器的常见故障和检测方法

重锤式启动继电器的检测如图 1.5.6 所示。

检测方法：

①将重锤式启动继电器倒立，用万用表 R×1 挡，测量 S 和 M 两接线端间的阻值，应为导通状态，阻值为零；若两接线端间阻值为几十欧姆，则说明触点间严重积炭。

②将重锤式启动继电器正立，用万用表 R×1 挡，测量 S 和 M 两接线端间的阻值，应为断路状态，阻值无穷大；若两接线端导通，则说明触点发生粘连。

（2）PTC 启动继电器

1）认识 PTC 启动继电器（见图 1.5.7）

作用：压缩机通电瞬间，接通启动绕组，形成旋转磁场带动电机运行；压缩机正常运行后，近似断开启动绕组。

外形特征：3 个接线端，两个插孔，塑料外壳。

常见故障：PTC 启动继电器内进水受潮阻值变大；

图 1.5.7　PTC 启动继电器

PTC 元件破碎；PTC 继电器内的弹簧片弹性变差，使其与 PTC 元件接触不良。

2)PTC 启动继电器的检测方法(见图 1.5.8)

检测方法:PTC 启动继电器的检测方法是检测
PTC 元件的阻值。在室温条件下,PTC 元件的阻值为
10~50 Ω,允许变化±20%(个别如松下、日立压缩机
配用的 PTC 元件阻值为 300 Ω,上菱冰箱配在放置式
压缩机上的 PTC 元件的阻值为 1 000 Ω)。检测时,可
用万用表测量 PTC 元件的阻值,也可以直接从型号上
读取其阻值,然后再用万用表复测,以观测元件状态是否良好。读取 PTC 元件阻值的方法:
若某 PTC 元件的型号为 330N400,其阻值是 47(1±30%)Ω,耐压为 400 V。

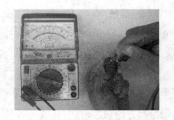

图 1.5.8　PTC 启动继电器的检测

3. 过载保护器

过载保护器是压缩机电动机的安全保护装置。按功能的
不同,它可分为过电流保护器和过热保护器;按结构的不同,它
可分为以双金属片制成的条形或碟形保护器和 PTC 保护器。

(1)认识碟形过载保护器(见图 1.5.9)

作用:与启动继电器组合在一起,在过电流及过热情况
下保护压缩机绕组。

图 1.5.9　碟形过载保护器

外形特征:两个接线端子。

常见故障:双金属片不能复位,电热丝烧坏、触点
粘连。

(2)碟形过载保护器检测(见图 1.5.10)

检测方法:用万用表 R×1 挡,测量两个接线端的
阻值。在正常情况下为 1 Ω 左右;若是无穷大,则说
明电热丝已烧断或双金属片不能复位;若是有十几欧
以上的阻值,则说明其触点间严积炭。

图 1.5.10　碟形过载保护器的检测

做一做

你学会了空调器的安装,就去实践操作一次,检测一下你的技术水平。
看看你的能力吧!

操作评价

电冰箱电气控制系统常见元器件认识与检测,学会了多少,请根据表1.5.1中的要
求进行评价。

表 1.5.1　电冰箱电气控制系统常见元器件认识与检测评价表

序　号	项　目	配　分	评价内容		得　分
1	温控器的认识与检测	25	1.会描述外形特征、作用	10 分	
			2.会描述常见故障	5 分	
			3.掌握检测方法	10 分	
1	启动继电器的认识与检测	25	1.会描述外形特征、作用	10 分	
			2.会描述常见故障	5 分	
			3.掌握检测方法	10 分	
3	过载保护器的认识与检测	25	1.会描述外形特征、作用	10 分	
			2.会描述常见故障	5 分	
			3.掌握检测方法	10 分	
4	温控器的拆装	25	1.正确拆卸	15 分	
			2.正确装载	10 分	
安全文明操作		违反安全文明操作(视其情况进行扣分)			
额定时间		每超过 5 min 扣 5 分			
开始时间		结束时间		实际时间	成　绩	
综合评议意见					
评议人				日　期	

 知识探究

1. 温控器

温度控制器又称温度开关或温度继电器,是在制冷系统中用来调温、控温的器件。温控器的控温过程如图 1.5.11 所示。

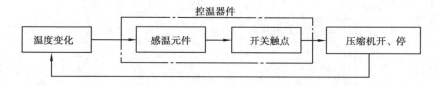

控温器件

温度变化 → 感温元件 → 开关触点 → 压缩机开、停

图 1.5.11　温控器的控温过程

当温度变化时,感温元件接受温度变化的信息,将其转化为开关触点的动作,使制冷压缩机由运转状态变为停止状态,或者由停止状态变为运转状态。

(1)机械式温控器

1)机械式温控器的工作原理

其组成为感温元件、波纹管(或弹性金属膜片)、毛细管和波动开关机构。

其工作原理如图 1.5.12 所示。

2)机械式温控器的类型

它分为普通型、半自动化霜型、定温复位型和风门温控型。

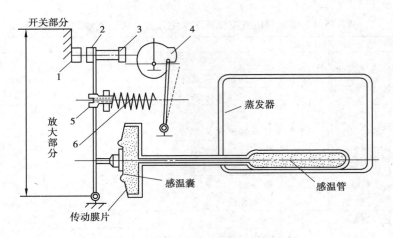

图 1.5.12　机械式温控器的工作原理

1—固定接点;2—快跳活动接点;3—温差调节螺钉;4—温度高低调节钮;
5—可控温度范围高低调节螺钉;6—主弹簧

3)机械式温控器的调试

　　根据设计需要,温控器的主要技术参数在装配时预调好,在预调的基础上,旋转温控器的调节旋钮进行进一步的细调,且可根据温度要求进行自动控制。温度调节旋钮上标有"弱""中""强"或"1""2""3"等数字标记字样,如图1.5.13所示。

　　顺时针转动,箭头所示数字增大,表示温度变低,"强冷"挡温控器开关呈常闭状态,使压缩机连续运转制冷,不能自动控温。

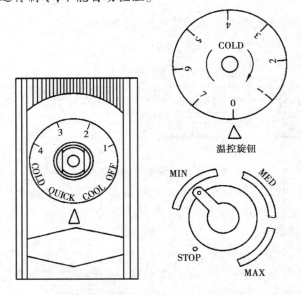

图 1.5.13　机械式温控器示意图

(2)电子式温度控制器

其控制原理:根据桥式电路制成的热敏电阻式温度控制器,就是将惠斯登电桥的一个热敏电阻桥路作为感温元件,直接放在适当的位置,三极管的发射极和基极接在电桥的一条对角线上。当热敏电阻受到温度变化的影响时,其阻值就发生相应的变化。通过平衡电桥来改变通往三极管的电流,再经放大来控制压缩机运转继电器的开启,实现对制冷设备的温度控制(见图1.5.14)。

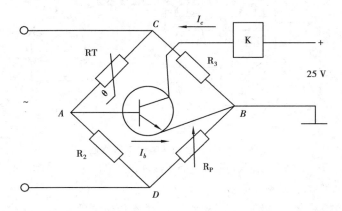

图1.5.14　电子式温度控制器

RT—热敏电阻;RP—温度调节电位器;K—控制压缩机启动的继电器

2.启动继电器

启动继电器:单相电动机电路中,控制启动绕组通电和断电的器件。

启动继电器的形式:重锤式启动继电器、PTC启动继电器和电容启动继电器。

(1)重锤式启动继电器

其组成:属电流式启动继电器,由电流线圈、重锤衔铁、弹簧、动触点、静触点、T形架和绝缘壳体等组成,如图1.5.15所示。

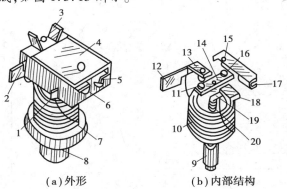

(a)外形　　　　　　　(b)内部结构

图1.5.15　重锤式启动继电器结构图

1—小焊片;2—大焊片;3—电源线支架;4—盖板;5—副绕组插口;6—主绕组插口;7—磁力线圈;
8—外壳;9—重锤;10—磁力线圈;11—动触电;12—大焊片;13—静触点;14—T形架;
15—静触点;16—动触点;17—副绕组插口;18—主绕组插口;19—小焊片;20—小弹簧

1)启动继电器工作原理图(见图1.5.16)

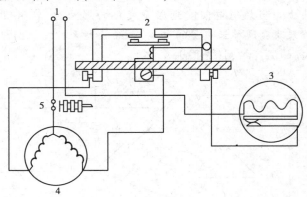

图 1.5.16　启动继电器工作原理

1—接电源;2—重锤式电流继电器;3—蝶形热过载保护装置;4—电动机;5—温控器

2)启动继电器工作过程(见图1.5.17)

吸合电流和释放电流,图1.5.17中的 A,B 两点接通电源瞬间,运行绕组和继电器的电流线圈接入,产生较大启动电流。随着启动电流逐渐增大,超过启动继电器吸合电流"A"点时,磁力线圈产生足够的磁力吸动重锤衔铁,带动 T 形架上移,启动继电器的动、静触点闭合,接通启动绕组的电路。当两个绕组通电后,使定子产生旋转磁场,转子获得转动力矩开始旋转。而运行绕组中的电流随着电动机转速的升高而下降,当电动机的转速达到额定转速的70% ~ 80％时,运行绕组中的电流降到启动继电器释放电流值"B"点以下,启动继电器线圈所产生的电磁力已经无法使重锤衔铁继续保持吸合状态,重锤衔铁下落复位,继电器的动、静触点被断开,启动绕组从电路中断开而不工作。电动机进入正常运转状态。

(2)PTC 启动继电器

PTC 是正温度系数热敏电阻又称为半导体启动器,其结构如图1.5.18所示。

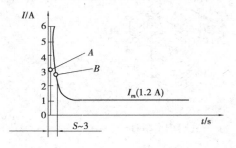

图 1.5.17　启动继电器的工作过程

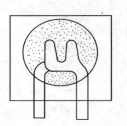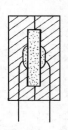

图 1.5.18　PTC 结构

PTC 启动特性:正常室温下电阻值很小,开始施加电压时通过大电流元件发热,温度上升电阻值急剧增加。

当达到临界温度(居里点或临界点)电阻值会增大到数千倍。电阻温度曲线和电流变化曲线如图1.5.19所示。

临界点可根据不同用途,通过调整原料配方来满足不同的温度要求。

PTC 启动继电器的工作原理如图1.5.20所示。

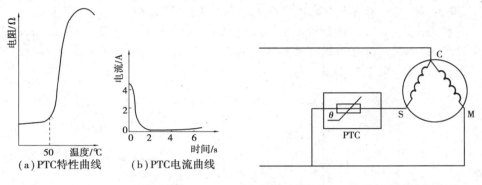

图 1.5.19　PTC 特性曲线　　　　图 1.5.20　PTC 启动继电器的工作原理

其特点:成本低,结构简单,压缩机的匹配范围广,对电压波动的适应性强。启动时无噪声、无电弧、无磨损,耐振动、耐冲击,不怕受潮生锈,性能可靠、寿命长,可以避免触头不平及触头粘连等,但不能连续启动。

3.过载保护器

过载保护器是压缩机电动机的安全保护装置,按功能可分为过电流保护器和过热保护器。它按结构可分为以双金属片制成的条形或碟形保护器和 PTC 保护器。

(1)碟形过载保护器

它具有过电流保护及过热保护双重功能,与启动继电器组合在一起。

其组成:碟形双金属片、动、静触点、端子、电热丝、调节螺钉、锁紧螺母等,如图1.5.21所示。

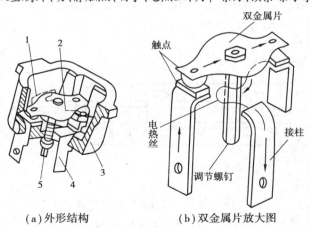

(a)外形结构　　　　　　(b)双金属片放大图

图 1.5.21　碟形过载保护器

1—电热丝;2—碟形双金属片;3—壳体;4—接线柱;5—调整螺钉

其工作原理:当电动机电流过大时,电热丝发热量增大,碟形双金属片受热变形向上弯曲翻转,如图 1.5.21(b)所示。动、静触点断开,切断电源,起到对过载电流的保护作用。断电后双金属片温度下降,恢复正常位置,触点闭合,使电源接通。当电流正常,而压缩机运行转时间过长,电动机绕组温度升高,致使压缩机壳温也随之过高,至少达 90 ℃ 时,碟形双金属片也同样会受热弯曲变形而切断电源。

当机壳温度下降后,双金属片恢复正常位置,使触点闭合,接通电源,压缩机重新启动运行,从而起到对电动机过热的保护作用。因此,过载保护器有过电流和过温升两种保护功能,如图 1.5.22 所示。

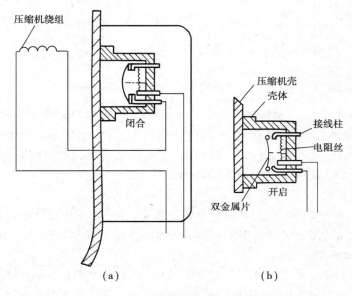

图 1.5.22 碟形过载保护器工作原理

(2)内埋式过载保护器结构(见图 1.5.23)。

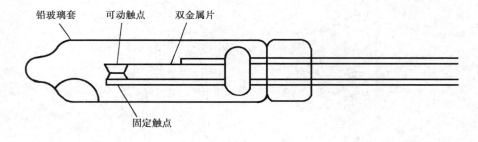

图 1.5.23 内埋式过载保护器

将其装在电动机的定子绕组中,直接感受电动机定子绕组内的温度变化,其工作原理与前述碟形过载保护器基本相同。

4.电加热器及除霜装置

(1)电加热器

其常见结构为丝状(镍铬材料)、线状(电热丝缠绕)、管状(电热丝装入铜管)和片状(加热丝粘在铅箔上)等。

1)冷暖两用电加热器在柜式空调器中的安装位置示意图如图1.5.24所示。

电加热器一般分为化霜加热器、防凝露加热器、温度补偿加热器和防冻加热器4种。

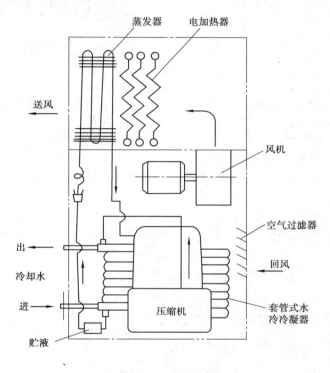

图1.5.24　电加热器

①化霜加热器

直冷式电冰箱冷冻室中,电热管直接粘贴在蒸发器表面上成为化霜加热器。

②防凝露加热器

防止凝露。

③温度补偿加热器

它分为冷藏室低温补偿加热器、风门温控补偿加热器和化霜温控补偿加热器。

④防冻加热器

双门直冷式电冰箱中,冷冻室、冷藏室蒸发器中间连接部分设管道加热器。

2)双门间冷式电冰箱化霜加热器,如图1.5.25所示。

3)防冻加热器结构如图1.5.26所示。

(2)除霜装置

空调除霜装置是一个除霜控制器,结构与温度控制器相同,安装在室外换热器附近,检测盘管周围的空气温度。

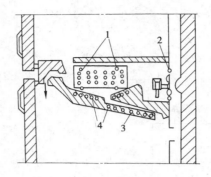

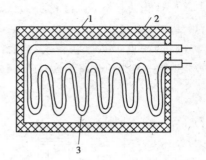

图 1.5.25　化霜加热器

1—蒸发器化霜加热器；

2—风扇扇叶孔圈加热器；

3—排水管加热器；4—接水盘加热器

图 1.5.26　防冻加热器结构

1—铝箔(厚度为 0.06 mm)；2—粘接剂；

3—塑料外皮加热线(2.5~3.0 mm)

电冰箱的除霜方式有人工化霜、半自动化霜和全自动化霜 3 种。

1)人工化霜

优点:操作简单,省电,缺点:时间不易掌握。

特点:结构简单,动作可靠;但开始时,需要人工操作。化霜时间较长,箱内温度波动较大。

冰箱半自动电加热快速化霜电路如图 1.5.27 所示。

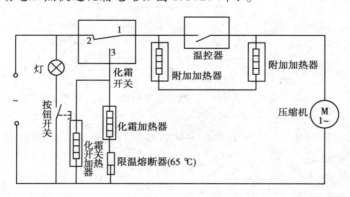

图 1.5.27　冰箱半自动电加热快速化霜电路

2)半自动化霜

机械式半自动化霜温控器结构如图 1.5.28 所示。

3)全自动化霜

化霜过程自动定时,在化霜时使压缩机停止运转,同时接通化霜电热器电路;在化霜后能自动停止化霜过程,恢复制冷压缩机的工作。

全自动化霜分以下 3 种方式:

①自动循环化霜(见图 1.5.29)

②积算式自动化霜(见图 1.5.30)

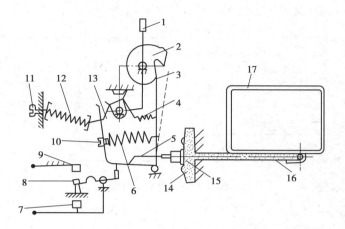

图 1.5.28　机械式半自动化霜温控器结构

1—化霜按钮;2—温度高低调节凸轮;3—温度控制板;4—化霜平衡弹簧;
5—主架板;6—主弹簧;7—温差调节螺钉;8—快跳活动触点;
9—固定触点;10—温度范围高低调节螺钉;11—化霜温度调节螺钉;
12—化霜弹簧;13—化霜控制板;14—传动膜片;15—感温腔;
16—感温管;17—蒸发器

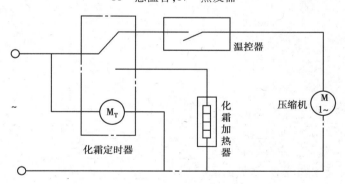

图 1.5.29　自动循环化霜

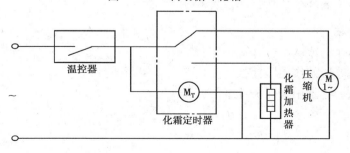

图 1.5.30　积算式自动化霜

③全自动化霜(见图 1.5.31)

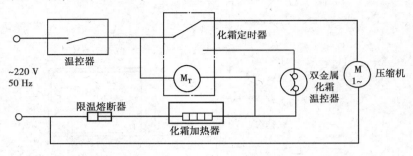

图 1.5.31　全自动化霜

思考与练习

1. 温控器在电冰箱电气控制系统中相当于什么?
2. 过载保护器在电冰箱电气控制系统中相当于什么?

一、填空题

1. 温控器的外形特征有_____、_____、_____。
2. 温控器的常见故障特征有_____、_____、_____。
3. 重锤式启动继电器的常见故障特征有_____、_____、_____。
4. PTC 的常见故障特征有_____、_____。
5. 过载保护器的常见故障特征有_____、_____。

二、简答题

1. 温控器在电冰箱中起什么作用?
2. 启动继电器的作用是什么?
3. 过载保护器是用来保护什么的?

任务6　拆装电冰箱电气控制系统

一、任务描述

电冰箱坏了,在对故障进行判断和检修时,首先要对电冰箱进行拆卸。在拆卸过程中,如果不小心,将会造成人为的损坏。那么,正确的拆卸方法是怎样的呢? 电冰箱的结构大同小异,这里对一台小天鹅 BCD-186JH 型电冰箱进行电冰箱电气控制系统的拆装,其流程如图1.6.1所示。

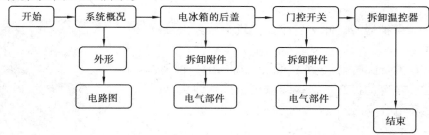

图 1.6.1　作业流程

二、知识能力目标

能力目标:1.学会拆卸电冰箱电气控制电路。
　　　　　2.学会连接电冰箱电气控制电路。
知识目标:1.掌握电冰箱电气控制电路的作用和组成。
　　　　　2.理解电冰箱电气控制电路的工作原理。
　　　　　3.了解多种形式的电气控制电路示意图。

三、作业流程

1.电冰箱电气系统概况

电冰箱电气控制系统一般有压缩机、温控器、运转电容、启动继电器、过载保护器、门控开关及照明灯等电气元件。

在进行拆装之前,首先要对所拆电冰箱有整体的了解(见图1.6.2)。要知道电冰箱的电器元件大致分布情况,做到心中有数后,然后再进行拆卸工作。

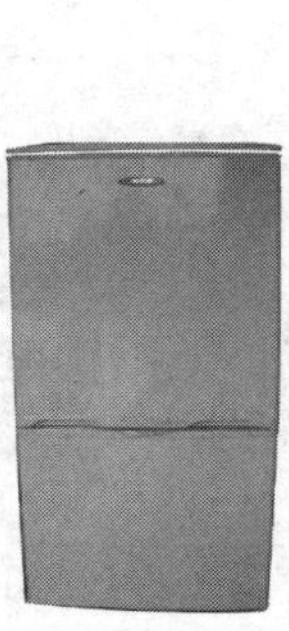

图 1.6.2　电冰箱整机外形图

图1.6.3 拆卸附件

2. 电冰箱后盖部分的拆卸

（1）拆卸附件（见图1.6.3）

电冰箱附件包括后盖、压机电路部分保护外壳和接线端子板等。其拆卸步骤如下：

1）卸下后盖部分的螺钉，取下后盖。

2）取下压缩机电路部分保护外壳。

3）拆卸接线端子板。

注意：在拆卸过程不要损坏附件，拆卸的附件要分布放置，做好标记，不要将附件张冠李戴，更不要丢失。

（2）拆卸电气部件（见图1.6.4）

拆卸附件的目的就是要拆卸电气部件，电气部件的拆卸步骤如下：

1）过载保护器的拆卸。先拔掉接线头，再将过载保护器向外拔。

2）PTC的拆卸时，先拔掉接线头，再将PTC往外拔。

3）运转电容的拆卸。在接线端子板拆下线头，就可以将整个运转电容取出。

注意：过载保护器和PTC在从压缩机绕组外接端子上拔出时要用力，同时要注意方向；运转电容的接线头在拆卸时要记清位置，做好标记。

3. 门控开关的拆卸

门控开关位于电冰箱冷藏室，如图1.6.5所示。

门控电路主要有门控灯和门控开关的拆卸，门控灯的拆卸比较简单，此处略。门控开关的拆卸如图1.6.5所示，在起子的帮助下将其取出。

图1.6.4 拆卸电气部件

PTC

运行电容

注意：在用起子撬起门控开关时，不要对电冰箱塑料外壳造成损伤。

4. 拆卸温度控制器

电冰箱顶部主要有照明灯、辅助加热开关和温控开关，如图1.6.6所示。拆卸温度控制器，首先要将顶部拆卸，其步骤如下：

1）拆卸照明灯外罩。

2）卸下固定螺钉（包括固定感温管的螺钉）。

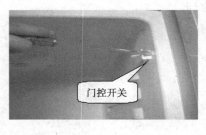

门控开关

图1.6.5 门控开关的拆卸

3）取下包含温控器和辅助加热开关的冰箱顶板。认识温度控制器和辅助加热开关。

4）拔掉接线头后用起子将温控器左边按扣与卡子脱离，然后将温控器右边按扣与卡子脱离，即可卸下温控器。

注意：

在温控器拆卸时要控制好力度，不要损坏起固定作用的塑料卡子。

5. 电冰箱电气控制系统的装载

为拆卸过程的逆过程，在装载的过程中，要注意严格按照拆卸步骤逆向操作，避免损坏附件或电气元件。同时，接线端子板和电气元件的接线头一定要按照做好的标记连接，避免损坏压缩机。

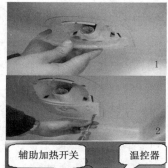
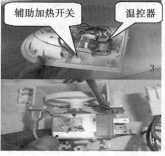

图1.6.6 拆卸温度控制器

你学会了电冰箱电气控制系统的拆装，就去实践操作一次，检测一下你的技术水平。看看你的能力吧！

操作评价

电冰箱电气控制系统的拆装，你学会了多少，请根据表1.6.1的要求进行评价。

表1.6.1 电冰箱电气控制系统的拆装评价表

序号	项目	配分	评价内容		得分
1	电冰箱电气控制系统	100	1.学会压缩机控制电路拆卸	40分	
			2.学会照明控制电路拆卸	20分	
			3.学会压缩机控制电路装载	25分	
			4.学会照明控制电路装载	15分	
安全文明操作		违反安全文明操作（视其情况进行扣分）			
额定时间		每超过5 min扣5分			
开始时间		结束时间		实际时间	成绩
综合评议意见					
评议人			日期		

1. 小天鹅 BCD-186JH 型电冰箱电气控制部分工作原理

（1）压缩机控制电路部分

温控器作为一个以温度为条件的开关，控制压缩机的运转或停止，保证电冰箱内温度的恒定。PTC、运行电容和压缩机绕组一起保证压缩机能正常启动和运转；过载保护器保护压缩机绕组不因过流过热而被损坏。

（2）门控灯部分电路

打开电冰箱冷藏室，门控灯开关闭合，门控灯亮；关闭电冰箱冷藏室门控灯开关断开，门控灯熄。

2. 电冰箱电气控制系统简介

电冰箱的电气控制系统由压缩机电动机、启动继电器、过载过热保护器、温度控制器、箱内照明灯和开关等组成。双门电冰箱又分为直冷式和间冷式两种，双门直冷式电冰箱一般还装有在冷藏室的电加热器及节电开关（低温补偿开关）。而双门间冷式电冰箱还有蒸发器风扇电动机、化霜定时器、化霜温控器和加热保护熔断器等。

（1）直冷式

直冷式电冰箱又称冷气自然对流式冰箱，其冷冻室直接由蒸发器围成，或者冷冻室内有一个蒸发器，另外冷藏室上部再设有一个蒸发器，由蒸发器直接吸取热量而进行降温。此类冰箱结构相对简单，耗电量小，但是温度有效性稍差，使用相对不方便。小天鹅 BCD-186JH 型电冰箱即为一款直冷式电冰箱。

1）单门直冷式电冰箱

单门直冷式电冰箱的电路是一种最基本的电冰箱控制电路，由于采用的启动元件不同，可分为重锤式启动继电器控制的电路和 PTC 启动继电器的电路两种。

①如图 1.6.7 所示为重锤式启动继电器启动的单门直冷式电冰箱电路，由压缩机电动机、重锤式启动继电器、启动电容器和碟形双金属片过载过热保护器构成启动保护电路，由压力感温管式温控器、照明灯和灯开关构成温控和照明电路。

a. 启动过程

电源接通，温控器处于闭合状态，压缩机电机得电，启动绕组和运行绕组形成启动力矩，压缩机开始运转。压缩机正常运转后，启动继电器断开，启动绕组失电，运作绕组继续通电，电冰箱正常工作。

b. 温控过程

当电冰箱内温度下降到温控器预设温度临界点以下时，温控器断开，压缩机停止工作。当电冰箱内温度上升到温控器预设温度临界点以上时，温控器闭合，压缩机启动运行。

c. 保护过程

当压缩机电机过流或过热并超过一定的时间时,过载过热保护器断开,压缩机停止工作。

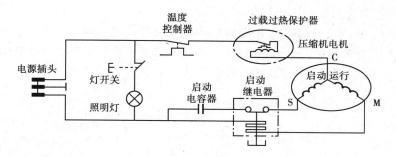

图1.6.7 单门直冷重锤启动继电器式电冰箱控制电路

②如图1.6.8所示为采用PTC热敏电阻代替重锤式启动继电器的电气控制电路。PTC元件特性是低温时,为低电阻,随着通电而发热,温度升高,阻值将迅速加大,并接近开路而呈现出具有限制电流的开关特性。

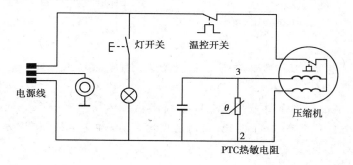

图1.6.8 单门直冷PTC启动继电器式电冰箱控制电路

2)双门直冷式电冰箱电气控制电路

①典型的双门直冷式电冰箱电气控制电路如图1.6.9所示。

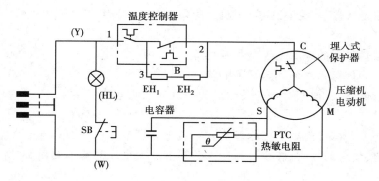

图1.6.9 双门直冷式电冰箱控制电路

双门直冷电冰箱(见图1.6.9)比单门直冷电冰箱(见图1.6.8)多了一组加热器 EH_1，EH_2 用于温度补偿，便于电冰箱能在低温下正常启动运行工作。

②具有半自动化霜功能的控制电路

如图1.6.10所示的电路中具有半自动化霜功能。电冰箱在正常工作时，化霜温控器的触点 C 与 A 接通，此时工作过程与普通双门直冷式电冰箱工作过程相同。在化霜时，C 与 B 接通，压缩机停止运转，化霜支路工作。

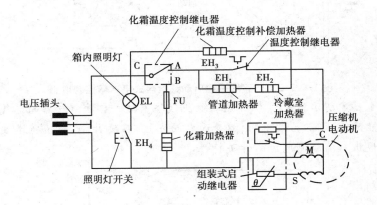

图1.6.10 具有半自动化霜功能的双门直冷式电冰箱控制电路

(2)间冷式

间冷式电冰箱又称强制循环式或风冷式冰箱。冰箱内有一个小风扇强制箱内空气流动，采用全自动化霜方式，因此，箱内温度均匀，冷却速度快，使用方便。但耗电量稍大，制造相对复杂。

1)电路组成

由图1.6.11可知，电路由以下5个部分组成：

①由压缩机的电动机、重锤式启动继电器、热继电器(过载保护器)构成的启动保护电路。

②由化霜定时器、双金属化霜温控器、除霜加热器、温度保护器构成的全自动化霜控制电路。

③由温控器组成的冷冻室温度控制电路。

④由排水加热器构成的加热防冻电路。

⑤由风扇电动机，照明灯和开关组成的通风和照明电路。

2)工作过程

如图1.6.11所示，间冷式电冰箱比直冷式电冰箱多了一个风路系统，能将电冰箱内的温度快速、均匀的冷却，其余部分的工作和直冷式电冰箱基本相同。

56

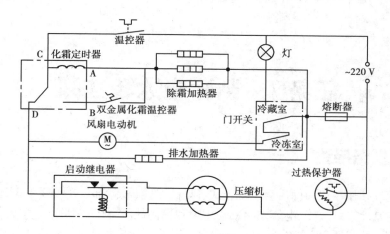

图 1.6.11　间冷式电冰箱控制电路

思考与练习

1. 电冰箱的辅助加热开关起什么作用?
2. 电冰箱的电气控制系统电路元件有哪些?
3. 简述电冰箱的电气控制系统工作原理。

一、填空题

1. 电冰箱电气控制系统一般有压缩机、_____、_____、_____过载保护器、门控开关、照明灯等电气元件。

2. 双门直冷式电冰箱一般还装有防止箱内过冷和冷藏室的_____及_____。

3. 电冰箱内温度下降到温控器预设温度临界点以下时,温控器_____,压缩机_____工作。

4. PTC 元件特性是低温时,为_____,随着通电而发热,温度升高,阻值将迅速_____。

5. 电源接通,温控器处于_____状态,压缩机电机得电。

二、判断题

1. 单门直冷式电冰箱的电路是一种最基本的电冰箱控制电路。　　　　　(　　)

2. 当压缩机电机过流或过热时,过载过热保护器断开,压缩机停止工作。(　　)

3. 间冷式电冰箱又称强制循环式或风冷式冰箱。　　　　　　　　　　(　　)

4. 电冰箱顶部主要有照明灯、辅助加热开关和温控开关。　　　　　　　(　　)

5. 拆卸附件的目的就是要拆卸电气部件。　　　　　　　　　　　　　　(　　)

任务7　判断电冰箱故障

一、任务描述

　　电冰箱在使用一段时间后会出现各式各样的故障,故障部位在哪里? 电冰箱的故障一般可分为制冷系统故障、电气控制系统故障和箱体故障。怎样判断电冰箱故障呢? 可用"问""看""摸""听""测"的方法进行判定。制冷制热实训中心,现场准备装配完好的电冰箱数台,还有常用作业工具、焊具、钳形电流表、卤素检漏仪(肥皂水)、三通维修阀,五通维修阀、真空压力表,氮气瓶及连接高压气管等。遵循由浅入深,由简到繁的原则进行判断。其作业流程如图 1.7.1 所示。

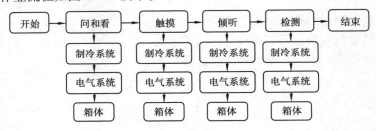

图 1.7.1　作业流程

二、知识能力目标

　　能力目标:1.学会判断电冰箱故障的大致位置。
　　　　　　　2.学会区分电冰箱故障(制冷系统、电气控制系统和箱体)。
　　知识目标:1.了解电冰箱制冷系统、电气控制系统和箱体的故障特征。
　　　　　　　2.掌握判断电冰箱故障的方法。

三、作业流程

　　判断电冰箱故障常见方法,通常采用"问""看""摸""听""测"。

1.问和看

　　"问"就是通过对客户的询问,掌握该电冰箱的第一手资料。例如,何时出现何种现象的故障,是否有操作使用上的失误,温度调节是否适宜,所在地是否经常停电,开门次数,等等。特别是电冰箱不制冷现象是逐渐形成的,还是突然出现的。

"看"就是通过仔细观察发现故障,其具体观察如图1.7.2所示。

1)看:电冰箱的整体外部,看是否有磕碰和损坏的地方,看冰箱的门封是否严紧。门封不严,可能会导致电冰箱的制冷不良,冷冻室出现大量结冰等故障现象。

2)看:管路系统是否有泄露情况。其方法是:用一张干净的白纸在管道焊接处擦拭,看有无出现油污,如果出现说明该处有泄露(如:工艺管的封口处,排气管和回气管的连接处,以及干燥过滤器两端的连接处)。

3)看:通电运行,结合电冰箱正常运行各部件部位的标志,看蒸发器是否均匀结霜,结霜是否时有时无。

4)看:电冰箱冷藏室内壁和感温器是否有损伤,冰箱门框及周边有无变形,损伤等。如有,极有可能造成内藏的蒸发器或冷凝管破裂,变形等。

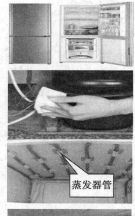

蒸发器管

感温器

2. 触摸电冰箱(摸)

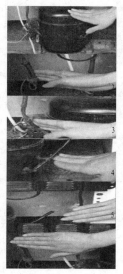

图 1.7.2　看电冰箱部位

用手触摸制冷系统中关键部位的温度变化,也可初步判断出冰箱常见的一些故障,如:压缩机故障、堵故障等。其具体操作如图1.7.3所示。

1)摸:压缩机表面温度一般压缩机在正常运转过程中,表面的温度可以达到100 ℃左右,用手小心触摸应有明显的烫手和振动感觉。

2)摸:干燥过滤器的温度,正常工作时的温度应略高于人体的温度,摸的时候不至于烫手。如无温度或发凉,则有可能内部有堵塞现象。

3)摸:回气管的温度,应有冰凉的感觉,但不应出现结霜或滴水情况。

4)摸:排气管的温度,排气管的温度较高,大约在60 ℃。

5)摸:冷凝器入口温度表面的温度,正常情况下较高。

6)摸:冷凝器出口处温度较低,它的温度是由入口处向出口处逐渐递减的,触摸时应有明显的温差。

图 1.7.3　触摸电冰箱

3. 倾听电冰箱(听)

听制冷系统内的蒸发器、冷凝管和管道内是否有均匀的流水声,听压缩机运行声音(见图 1.7.4)。

1)听:蒸发器、冷凝管和管道内是否有均匀的流水声,如没有则表明系统内可能有堵塞。

听制冷剂
的流水声

听压缩机
运行声音

图1.7.4 倾听电冰箱

2)听:冰箱运行后,压缩机是否有匀速稳定的电机运转声,若听到"嗡嗡"声,说明电动机未转动,应立即关闭电源。如压缩机内部有机械异响的"嗒嗒"声,说明运动部件有损坏;如果是"当当"声,说明吊簧松脱和内机已脱离原位,使内机与机壳发出碰撞声。如听到压缩机壳内有"吱吱"的气流声,说明压缩机内高压管断裂等造成高压气体窜入机壳。

倾听的方法是用长柄螺丝刀一端接触被测部位,一端贴近耳朵,会听得更清楚。

4.检测电冰箱(测)

检测主要是用万用表对电气系统的部件进行检测。其具体方法如图1.7.5所示。

1)测:用万用表检测过载保护器。

2)测:用万用表检测启动继电器。

还需要检测冰箱压缩机、温控器,门开关等部件是否存在漏电(用兆欧表测绝缘阻值应达到2 MΩ以上)。检测电源是否连通,压缩机各绕组的直流电阻是否正常。检测温度控制器,风扇电动机,化霜加热器、化霜定时器等是否正常。

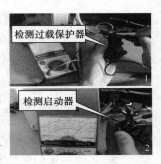

检测过载保护器

检测启动器

图1.7.5 检测电冰箱

判断一下自己家里的电冰箱是否有故障?

判断电冰箱故障,学会了多少,请根据表1.7.1中的要求进行评价。

表1.7.1 判断电冰箱故障评价表

序 号	项 目	配分	评价内容	得 分
1	观察冰箱运行情况	20	知道冰箱故障各部位外观变化情况	
2	摸各关键点温度变化情况	30	1.找到温度变化的关键点	
		30	2.正确判断关键点的温度	
3	听冰箱运行时各部位的声音	20	冰箱正常运行时,各部位会发出不同声响,根据声响判断故障情况。	
	安全文明操作		违反安全文明操作规程(视实际情况进行扣分)	

续表

额定时间	每超过 5 min 扣 5 分					
开始时间		结束时间		实际时间		成 绩	
综合评议意见						
评议人			日 期			

1. 电冰箱故障分析

（1）压缩机故障

压缩机故障：一是机械部分故障，二是电动机故障。表现出来的故障特征是：冰箱不制冷，不运行，压缩机频繁启动、停机，温度过高，电流过大等。

其主要原因有：电动机供电不正常，或线圈损坏或排气量不够，活塞，阀片，排气管破裂漏气，等等。

（2）制冷系统故障

制冷系统的故障又称管道故障。制冷系统由主要部件及连接管路组成，常见故障主要是管道泄漏和管道堵塞。

"漏"：主要指制冷剂泄漏，又分"外漏""内漏"。能用眼直接观察到的漏点（如冷凝器与过滤器接口，压缩机高压输出管接口，压缩机接线柱，机壳焊缝等）并能直接进行维修的称为外漏。外漏点一般有油渍出现易查找。"内漏"就是指隐藏在箱体内（如蒸发器、冷凝器、防露管等）的部件或管道发生泄漏。"内漏"维修难度较大，故障点不易查找，维修技术要求高。

"堵"：是指管路流动不畅或不通。前者影响制冷量，后者就不制冷。堵点一般极易发生在毛细管初段和干燥过滤器中，堵又分"脏堵""冰堵"和"油堵"。

"脏堵"一般故障特征明显，不会时好时坏，主要是由脏物，污物流进毛细管初段发生堵塞，也可发生在冷凝器末端与干燥过滤器输入端。故障特征是开机运行起初高压输出管发热，冷凝器上端发热，但随后发热逐渐消失。压缩机声音变小，钳形电流表检测电流，开机运行起初电流正常，随后电流表读数逐渐变小，明显低于正常值。拔下电源后，割开压缩机工艺维修管，无制冷剂气体喷出。断开干燥过滤器与毛细管连接处，会出现大量制冷剂喷出情况，这种情况证明毛细管发生脏堵。如仍无气体喷出，可怀疑是干燥过滤器堵塞。

"冰堵"一般是伴随系统有微漏发生，最主要是维修不当造成。水和空气进入系统过多，造成在毛细管出口处不断产生冰珠堆积多了，造成堵塞。不制冷后冰珠融化，管道又通，又制冷，又重新堆积冰珠，又不制冷。故"冰堵"有周期的反复性，应注意区别。

"油堵"，冷冻油严重变质后，浑浊，流动性差，油泥状物质进入毛细管内壁或储液器堆积变厚、沉淀,导致堵塞。这种故障一般不易出现,维修难度也大。使用时间较长的冰箱或老式旧冰箱,多次维修过的冰箱,易出现此种情况,维修时应多加注意。

(3)电气系统故障

1)电源故障要检查有无供电,接触是否良好,电压是否正常,线路有无断路情况。

2)温度控制器常见故障有触点粘连,传动机构失灵,感温管感温剂泄漏等。

3)启动器常见故障有常开不闭合,或短路,应注意区分是何种类型的启动器,重锤式应检查触点和线圈,PTC应检查常温电阻,阻值应为 $18\sim25\ \Omega$。

4)过载保护器故障,过载保护器由于在冰箱工作正常时一般都是常导通,故极易发生触点严重粘死出现大电流时断不开从而烧坏压缩机,有压缩机损坏的应重点检查过载保护器或更换,再有就是触点损坏,不闭合,查两端阻值为"∞"应更换。

5)压缩机电动机线圈的检测,应符合公式 $R_{SM}=R_{CS}+R_{CM}$。误差不能太大,否则可判断线圈有局部短路(见图1.7.6)。

如压缩机不工作,首先应排除电源未通的"假故障",仔细检测有无供电,电压是否正常(低电压压缩机不会启动)。

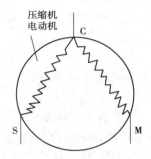

图1.7.6 压缩机绕组
C—线圈公共点;S—启动端;M—运行端

压缩机工作不停机:一是温控器感温管感应不到停机温度(与制冷系统有关);二是感温管损坏;三是温控器触点粘连断不开。总之,制冷正常不停机故障重点在温控器。

2.箱体的故障分析

箱体出现故障主要有箱门关闭不严,冷冻室结冰很厚,门封条老化失去弹性和磁性。保温层损坏,蒸发器与内壁分离严重影响制冷效果。

主要检查箱体绝热层是否有损坏,裂缝处是否有水流出,如有,则表明箱体绝热层部分损坏,应补裂修复。冷藏室内壁和冷冻室是否有明显向外突出的现象,如有,说明蒸发器与内壁已分离。冰箱冷冻室和冷藏室门框是否有变形,如有,可造成关门闭合不严。

磁性门封条是否变质失效,主要表现为没弹性和磁力,使门关闭不严和关闭不到位。门内衬是否有裂缝损伤,排水槽孔是否有堵塞等,再就是外箱各个面有无硬伤、划伤,手柄和门铰链是否损坏(使箱门和门框移位,关闭不严)。

3.电冰箱故障检修流程

电冰箱故障检修流程如图1.7.7和图1.7.8所示。

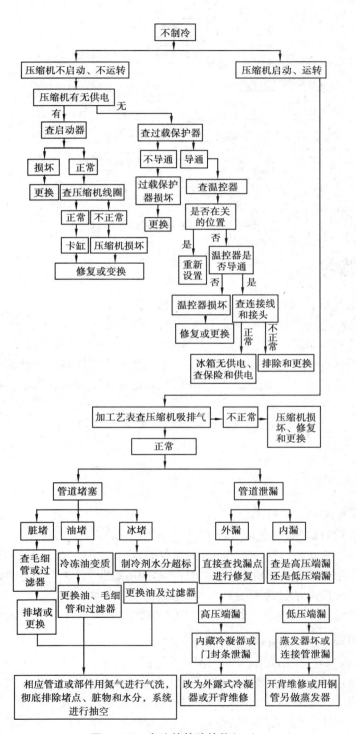

图 1.7.7　电冰箱故障检修(一)

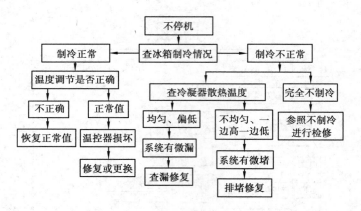

图 1.7.8　电冰箱故障检修（二）

思考与练习

1. 如何用万用表判断压缩机电动机线圈的好坏？
2. 判断电冰箱故障通常采用哪几种方法？试简述。
3. 电冰箱制冷系统一般易出现哪几种常见故障？应如何排除？
4. 电冰箱运行中断电后又马上通电，电冰箱会继续工作吗？为什么？
5. 一台电冰箱的冷冻室经常出现结冰很厚，是什么原因引起的？应如何排除？

一、填空题

1. 一般管道有泄漏，其故障部位有_____出现，应学会判断。
2. 电冰箱正常运行_____ min 后，排气管应_____，低压回气管应_____。
3. 电冰箱通电后，听压缩机出现"嗡嗡"声，表明压缩机_____，应立即_____。
4. 检测压缩机电动机线圈的好坏，测直流电阻可用 $R_{SM} = $ _____来判断。
5. PTC 启动器实际上是一个_____的热敏电阻。

二、判断题

1. 过载保护器的作用是限流和限温。　　　　　　　　　　　　　　　　（　　）
2. 电冰箱运行时，毛细管发凉或结露，表明制冷良好。　　　　　　　　（　　）
3. 电冰箱冷冻室常出现结冰很厚，可能是门封闭不严造成。　　　　　　（　　）
4. 制冷系统堵上以后，加挂的钳形电流表的读数比正常值要大得多。　　（　　）
5. "内漏"一定就是蒸发器发生了泄漏。　　　　　　　　　　　　　　　（　　）

任务 8 检修电冰箱制冷系统故障

一、任务描述

　　制冷系统是电冰箱故障的高发区域,其故障特征表现在不制冷或者制冷效果差等,本任务是通过脏堵、冰堵、油堵以及外漏和内漏的故障分析,学会对电冰箱制冷系统常见故障的检测和维修,达到准确较熟练地进行部件和整体修复的能力。现场准备有典型和常见故障的电冰箱数台。除常规工具外,还需准备焊具一套,氮气瓶,制冷剂钢瓶,检漏工具,真空泵,封口钳,三通和五通带表维修阀。其作业流程如图 1.8.1 所示。

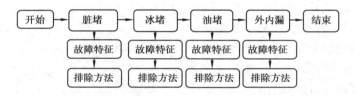

图 1.8.1 作业流程

二、知识能力目标

　　能力目标:1.学会更换电冰箱冷冻油。
　　　　　　2.学会维修电冰箱脏堵、冰堵、油堵的故障。
　　　　　　3.学会维修电冰箱外漏和内漏的故障。
　　　　　　4.学会检测调试电冰箱。
　　知识目标:1.了解电冰箱脏堵、冰堵、油堵的产生原因。
　　　　　　2.掌握电冰箱制冷系统出现漏和堵的故障特征。

三、作业流程

1.维修脏堵故障

　　(1)脏堵的故障特征及产生原因

　　电冰箱一旦出现脏堵,电冰箱的工作就不正常。它主要反应是:不制冷、制冷差冷、不停机、断电停机后再次无法启动等现象。造成脏堵的原因主要是:干燥过滤器失效、毛细管内壁堆积脏物和部件损坏形成堵塞等。

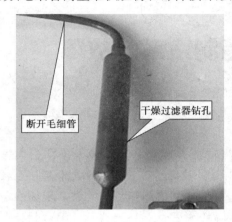

断开毛细管　　　干燥过滤器钻孔

图 1.8.2　检查脏堵的部位

（2）脏堵故障的检查与排除脏堵

脏堵一般发生在干燥过滤器或毛细管初段，检测时可以在刚开机时，摸压缩机排气管温度，如果温度高，过一会就下降这就说明有脏堵，具体脏堵在哪里，可以通过断开毛细管来检查脏堵的部位（见图 1.8.2）。

1）先要查找堵点，在靠近过滤器处断开毛细管，如干燥过滤器断口有制冷剂喷出，则是毛细管堵；否则是干燥过滤器堵塞。

2）毛细管堵塞的排除方法：压缩机加挂工艺表阀，并从工艺管处加入 0.6 MPa 左右的氮气进行逆程排堵，将污物从毛细管口处吹出。

3）干燥过滤器堵塞的排除方法就是直接更换干燥过滤器。

（3）维修时的注意事项和质量要求

1）先要排除制冷剂，确认排除完后，才可进行焊接操作。

2）排气应通畅后，方可装机毛细管。

3）毛细管出现脏堵，一般都是干燥过滤器失效，排除故障时应同时予以更换。

4）更换干燥过滤器，注意规格和型号。

想一想

一台万宝 BCD-155 A 双门电冰箱刚开机时，摸压缩机排气管很热，一会就没有热度了，冰箱也不制冷，可能是什么故障呢？

2. 维修冰堵故障

（1）冰堵的故障特征、产生原因和检查方法

电冰箱一会制冷正常，一会制冷不正常，这种有周期性的制冷与不制冷的故障一般就是电冰箱出现了冰堵。产生冰堵的主要原因在于，电冰箱制冷系统含水分过多，水分进入毛细管，在其出口处结冰，造成冰堵。检查时用热毛巾加热毛细管，如果蒸发器中由没有气流声到有气流声的转变，则可以判断为冰堵；如果电冰箱在维修制冷系统过程中，当工艺管中真空压力表一会显负压，一会表压正常，也可以判断为冰堵。

（2）冰堵故障的排除（见图 1.8.3）

确认冰堵故障后，应将制冷系统部件拆下，在 100～105 ℃温度下加热干燥 24 h。

然后将部件装回,启动压缩机对制冷系统进行排空和干燥,同时用碳化大火焰对冷凝管、压缩机壳进行移动式加热驱走水分(见图1.3.8)。当排气口处明显感到有热气排出,一段时间后感觉排气很干燥无潮湿感即可。

图1.8.3　冷凝器加热

（3）维修注意事项和质量要求

首先要确定系统中无泄漏点,然后对系统分段进行"气洗",让氮气带走水分和空气。要延长抽空时间和压缩机运行抽空时间,保证抽空质量。如果是严重冰堵故障应更换冷冻油和干燥过滤器。

　　一台电冰箱出现不制冷故障,并已查找出漏点在蒸发器出口端,进行补漏后,修复完毕后试运行,仍出现不制冷,可能还有何故障?

3. 排除油堵故障

（1）油堵的故障特征、产生原因和检查方法

电冰箱制冷系统出现油堵,一般表现为制冷效果差、压缩机工作不停机现象。产生这种故障的原因是:冷冻油变质,油泥状物质堆积在毛细管内部或蒸发器管道储液器,引起堵塞。检测时,应将电冰箱接通电源,听蒸发器内是否发出"咕咕"的吹油泡声,如果有确定为油堵,否则不是油堵。

图1.8.4　割开蒸发管

（2）维修油堵故障

油堵一般发生在毛细管中,因此,先割开蒸发管(见图1.8.4),然后再进行系统的处理。

处理方法:割下接近进入箱体一端毛细管,封死干燥过滤器出口。工艺管加入0.6 MPa左右氮气,把蒸发器残存的冷冻油从管口吹出。注意适当延长"气洗"时间直至无油喷出,再焊下过滤器,提高压力至0.8 MPa。对冷凝器管道进行"气洗",最后拆下压缩机。更换冷冻油,更换干燥过滤器和毛细管即可。

（3）维修注意事项与质量要求

严格按操作规范,把管道内的残存冷冻油吹出。严重的油堵要适当提高压力和延长"气洗"时间,确保出口处无油吹出。特别要重点排除蒸发器里边的残油。

电冰箱出现了油堵后,一般都要更换冷冻油,更换干燥过滤器。操作时,不要出现焊堵和焊漏的情况,避免造成新的故障。

4.排除制冷剂内、外泄漏故障

（1）泄漏的故障特征、产生原因和检查方法

制冷剂泄漏后，可造成冰箱不制冷或制冷不足，手摸冷凝器不发热或一半热一半凉。有的电冰箱可同时出现几处泄漏点。维修时，应特别注意仔细保压排查。保压不合格的电冰箱肯定还有其他漏点未排除，极有可能是内漏，应分段进行保压，以便确认。如出现内漏需开背进行维修。产生这种故障的原因是：制冷系统质量问题或使用不当等原因，造成管道接口部位发生裂缝、漏洞，从而造成制冷剂泄漏，造成水分、空气被吸入制冷系统。检查前，先给系统加0.5 MPa氮气或制冷剂保压，并对裸露在外的管道，特别是接头部位进行检漏。在检查时，要仔细制冷系统管道是否有油渍出现；还可以用肥皂水（泄漏点冒泡）、卤素检漏灯（泄漏点火焰紫色）电子检漏仪（泄漏点声音变大变快）来测试，从而找出泄漏点。

图1.8.5 开背维修

（2）制冷剂内、外泄漏故障的排除

1）制冷剂"内漏"故障主要以蒸发器泄漏为主，处理方法一般是开背维修（见图1.8.5）。用手砂轮机按事先画好的线条去掉外铁皮，不能伤及内部导线，管路等。去掉发泡隔热层，露出蒸发器管道和接头部位，进行检漏，确定漏点。进行焊补或粘胶补，经试压无漏后，再恢复原状。

2）"外漏"故障的排除：查找出泄漏点后，做好记号，然后放干净管内气体，打开工艺管口，对漏点进行补焊补漏处理，严重的管道损坏，应更换管道。另一种方法是用铜管在冷冻室内重新缠绕做一个蒸发器。其优点是避免开背时对冰箱造成的损坏，缺点是会减少箱内容积或影响使用。

（3）维修注意事项与质量要求

处理泄漏故障要求较高，不允许焊堵管口，造成新的故障。内漏各项工艺要求更高，特别要防止出现新的漏点。注意对冰箱进行整体恢复。

漏和堵是电冰箱制冷管道系统最易出现的故障，表现均为不制冷或制冷不够、不停机。如何区分漏和堵呢？就要看折断的毛细管口处有无制冷剂喷出，以及喷量的大小来判定。一般来讲工艺管无制冷剂喷出，但靠近过滤器出口的断口处有大量制冷剂喷出，可初步判断为脏堵或油堵。所有管道无大量气体喷出或没有气体喷出，可判别为泄漏故障。

家中或亲友家的电冰箱不制冷了，你能大胆地运用所学知识去排除电冰箱故障吗？

操作评价

电冰箱制冷系统的故障维修,学会了多少,请根据表1.8.1中的要求进行评价。

表1.8.1　电冰箱制冷系统故障检修评价表

序号	项目	配分	评价内容		得分
1	堵故障	50	1. 能判断和检修脏堵故障	15分	
			2. 能判断和检修冰堵故障	15分	
			3. 能判断和检修油堵故障	20分	
2	泄漏故障	50	1. 会准确判断和检修冰箱外漏的故障	20分	
			2. 会准确判断和检修冰箱内漏的故障	30分	
安全文明操作		违反安全文明操作(视其情况进行扣分)			
额定时间		每超过5 min扣5分			
开始时间		结束时间		实际时间	成绩
综合评议意见					
评议人			日期		

知识探究

1. 压缩机冷冻油的更换

电冰箱因泄漏,导致冷冻油与空气接触而发生变质。使用时间长的压缩机冷冻油也会变质,故在维修中进行检测判别。方法1是用干净的面巾纸将冷冻油滴一滴在纸面上,如油迹均匀,无黑层、黑圈,是好的。方法2是将油盛在杯中,观察油层是透明、晶亮的是好的。如有混浊不清,有悬浮物等,就表示冷冻油变质了。

将变质冷冻油全部倒进量杯中,记住刻度,再按此刻度装进新换的冷冻油。记住装入量可在原刻度上增加10%。量确定以后,在工艺管口处连接一根软管插入量杯中,封闭低压回气管口,启动压缩机,利用压缩机工作,将冷冻油全部吸入压缩机内,这样冷冻油更换的工作就完成了。

2. 电冰箱在维修过程中的检测、调试

电冰箱确诊是制冷系统有故障以后,就要进行开管放气,排除管内的制冷剂,消除压力,再在压缩机工艺维修管上焊接三通维修表阀。做好维修前的准备工作。然后再具体处理,如漏或堵的故障,更换相应的部件等。检修完毕后要对整个系统加压(0.5 MPa)的氮气进行24 h保压测试,压力应保持不变。然后再对系统进行抽空。

加注制冷剂,运行试验并做以下性能检测和调试:

1）启动性能和运转电流的检测：人为控制开机和停机 3 次以上，每次开机运行 3～5 min，停机 5 min。要求每次都能正常启动。运转时电流符合额定值。

2）制冷效果检测：压机运行 30 min 以后，冷冻室应结霜均匀，用湿手摸冷冻室四壁，应有粘手的感觉，并且这时冷凝器散热均匀（不存在半边热半边凉的情况）。

3）回气管温度检测：运行时，吸气管不应结霜，手摸发凉，夏季允许结露。

4）电冰箱在运转时，其振幅应小于 0.05 mm，噪声应控制在 40 dB 以下。

符合以上检测后，再用封口钳封口（见图1.8.6）。封死工艺维修管，铜管可封死 2～3 处，用割刀割断铜管分离三通维修阀，迅速开焊焊死管口，从而结束整个维修过程。

3. 无氟电冰箱对制冷系统的要求

无氟电冰箱主要是指使用新型环保制冷剂的电冰箱，无氟并不是没有氟，而是没有氯。替代 R12 传统制冷剂的品种是 R134a 和 R600。

用封口钳封口

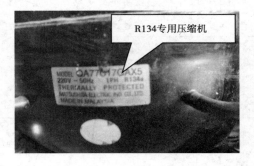
R134专用压缩机

图 1.8.6　封口　　　　　　　　　　　图 1.8.7　专用压缩机

以 R134a 为例，对制冷系统提出了新的要求：

1）由于 R134a 的渗漏性比 R12 更强，故对密封材料及气密性提出了更高的要求。

2）饱和压力较高，和 R12 制冷剂相比，R134a 维持沸点的饱和压力较高，常会使电冰箱在工作时，低压段（蒸发器和回气管）出现制冷剂负压蒸发状态。因此，在加制冷剂和密封时，都要求更加注意密封，严防空气和水分子进入系统。而高压段由于温度和压力都比 R12 高，故对压缩机的结构和材料都作了改进（专用压缩机，见图1.8.7）。

3）R134a 溶解性高，要求用干燥能力更强的分子筛。如 XH-7 型分子筛。

4）腐蚀性强，要求电动机的线圈耐氟等级更高，对一般橡胶制成的部件也有腐蚀性，因此需更换材料用氢化丁腈橡胶替代。

5）对冷冻油提出新要求，不能用一般矿物油作冷冻油，现在多用新型多元醇（PAG）或脂类油替代。

6）只要实施开管维修，就必须更换干燥过滤器。

7）发现冰堵故障，必须更换压缩机，并作返厂处理。

维修无氟电冰箱对工具和操作的要求，由于无氟电冰箱因制冷剂不同，而对压缩机进行了改进。特别是采用了专用冷冻油。故在维修中有以下的特点（以 R134a 为例）：

①检修设备不同,首先是不能同普通型的真空泵,主要是润滑油是矿物质油,易对 R134a 系统造成污染,要用指定专用型号。

②检漏不能用卤素检漏仪,可用电子检漏仪或用肥皂水。

③其他要求,不能用含氯的清洁剂清洁管道,所有铜管和压缩机露空时间不能超过15 min,干燥过滤器包装要隔绝空气。所有管道及部件需充注氮气保存。

④R134a 必须密封保存,不能与空气进行接触。

思考与练习

1. 电冰箱出现脏堵后,故障特征是什么? 应如何排除?

2. 电冰箱管道系统误入水分后,应如何进行修复操作?

3. 电冰箱制冷剂泄漏故障,应如何判断和维修?

4. 你会更换压缩机冷冻油吗? 谈谈你的操作过程。

5. 替代 R12 制冷剂目前有哪些新品种? 在维修中有哪些特点?

一、填空题

1. 电冰箱制冷系统又称管道系统,易出现的故障是_____和_____。

2. 电冰箱不制冷,经查制冷剂全部聚集在冷凝器中,这个故障是属于_____。

3. 电冰箱出现堵的故障一般分为_____、_____和_____。

4. 电冰箱出现制冷剂泄漏故障一般分为_____和_____。

5. 电冰箱出现制冷弱,一般是制冷系统出现_____和_____引起。

二、判断题

1. 电冰箱进行维修时,打开工艺管口,没有制冷剂喷出,一定是管道有泄漏,制冷剂泄漏了。 （ ）

2. 电冰箱出现冰堵故障有周期性。 （ ）

3. 内漏一定是指蒸发器及接头部位有泄漏。 （ ）

4. 管道接头部位有油渍,可判断该处有泄漏。 （ ）

5. 脏堵一般发生在毛细管初段。 （ ）

任务 9　检修电冰箱电气控制系统故障

一、任务描述

控制电路是整机的控制指挥中心,电冰箱中的主要部件都是由控制电路进行控制的。如果电冰箱工作不正常或不工作,往往是控制电路有故障。因此,当电冰箱出现故障后,应根据具体情况进行分析。本任务就是检修电冰箱电气控制系统常见故障,其作业流程如图 1.9.1 所示。

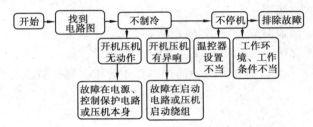

图 1.9.1　作业流程

二、知识能力目标

能力目标:1.学会检修不制冷故障。
　　　　　2.学会检修不停机故障。
知识目标:1.了解检修电冰箱电气控制电路的基本方法。
　　　　　2.了解检修电冰箱电气控制电路注意事项。

三、作业流程

1.识读电冰箱电路原理图

要对电冰箱电气控制电路故障进行检修,应对所修电冰箱的电路有所了解,因此,先在电冰箱侧面或背面找到电路原理图。

如图 1.9.2 所示为一种 4 门控灯电路和压缩机控制电路。门控灯电路包括门控灯和门控开关。压缩机控制电路包括热补偿器、温控器、启动继电器、运转电容、保护继电器和压缩机电机绕组。

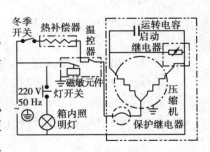

图 1.9.2　电冰箱电路原理图

图1.9.3　电冰箱后盖

图1.9.4　检查插座供电

2. 检修不制冷故障

在电冰箱检修中,很多故障都体现为不制冷,对这一常见故障,其检修步骤如下:

步骤1:插上电源插座,用手摸电冰箱后盖压缩机位置,感觉有无压缩机启动运行时的振动现象(见图1.9.3)。若压缩机无动作,也无"嗡嗡"异响,那么接步骤2。否则,接步骤8。

步骤2:检查插座板供电220 V是否正常(见图1.9.4)。若无供电,检查外电路,若供电正常接下一步。

注意:对熔断丝烧断而导致无供电的故障,要先检查是否后级短路或电源电压太高。

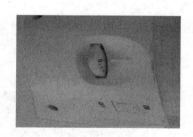

图1.9.5　温控器旋钮开关

图1.9.6　温控器

步骤3:检查温控器旋钮开关位置是否正确(见图1.9.5)。若为"0"是温控器设置不当,将其旋至合适位置即可排除故障;若温控器设置正确,接下一步。

步骤4:拔下温控器接线头短接,看压缩机是否能正常启动,若能启动,为温控器内部触点开路,更换温控器解决故障(见图1.9.6)。若不能启动,接下一步。

步骤5:检查电冰箱电源插头到PTC、过载保护器之间的连接是否有开路(其中包括电源插头到温控器、接线端子板的连接线,端子板本身线头的插接,端子板到PTC、过载保护器的连接线以及PTC、过载保护器与压缩机绕组的插接)。若所有连接均正常,接下一步。

①打开电冰箱后盖后电源线与压缩机及控制电路的连接(见图1.9.7)。

②温控器、辅助加热开关以及门控灯部分的连接(见图1.9.8)。

图 1.9.7　线路连接

图 1.9.8　温控器部分连接线

③压缩机保护外壳打开后接线端子与PTC、过载保护器的连接,以及接线端子到温控器、门控电路、辅助加热电路的连接(见图1.9.9)。

注意:本步骤连接线较多,若需要断开线头检测时,一定要做好标记,记清连接点,不要弄错了。

图 1.9.9　接线端子与PTC、过载
保护器的连接

步骤6:拔出过载保护器,检测过载保护器是否开路(见图1.9.10)。若过载保护器正常,接下一步。

注意:过载保护器处于保护状态断开后,要经过一段时间恢复,此处不要误判。

步骤7:检测压缩机绕组。压缩机绕组烧毁开路或对机壳短路,压缩机均无动作,更换压缩机解决故障(见图1.9.11)。

图 1.9.10　检测过载保护器

图 1.9.11　检测压缩机绕组

步骤8:若压缩机不动作,但发出"嗡嗡"异响,先检查是否外电源过低。若外电源正常,检测启动电路。检查运转电容是否开路或者严重漏电,PTC是否开路,压缩机启动绕组是否开路。

①检测外置的运转电容,运转电容接线头在接线端子板上(见图1.9.12)。
②检测拔出后的PTC(见图1.9.13)。
③检测拔出PTC和过载保护器后压缩机启动绕组的好坏(见图1.9.14)。

图 1.9.12　运转电容

图 1.9.13　PTC 的检测

图 1.9.14　压缩机启动绕组检测

3. 检修不停机故障

不停机故障由外部因素引起,其检修如表 1.9.1 所示。

表 1.9.1　检修不停机故障

故障现象	故障原因	排除方法
不停机	1. 电冰箱放置的环境温度太高	调整电冰箱到通风散热的位置
	2. 电冰箱内一次放入的食品过多	调整食品的放置次序
	3. 电冰箱的门封老化,保温效果差	更换电冰箱的门封
	4. 电冰箱的蒸发器霜层太厚	定时或及时除霜
	5. 温度控制器设置不合适	调整设置

不停机故障由元器件损坏引起的,其检修过程如下:

故障原因 1:若门控灯在关电冰箱门时不熄灭,一直发热,导制不停机,应要对门控灯电路进行检测。如图 1.9.15 所示,若是门控开关损坏,可用更换门控开关或修复开关弹簧来解决。

图 1.9.15　检测门控开关好坏

图 1.9.16　检测温控器

故障原因 2:看是否温控器触点粘连(见图 1.9.16)。若是温控器故障,可采用维修或更换温控器的方式来解决。

做一做

你学会了电冰箱电气控制系统的故障检修,就去实践操作一次,检测一下你的技术水平。看看你的能力吧!

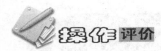**操作** 评价

电冰箱电气控制系统的故障检修,学会了多少,请根据表1.9.2的要求进行评价。

表1.9.2　电冰箱电气控制电路的检修评价表

序　号	项　目	配　分	评价内容		得　分
1	不制冷	60	1. 检修电气控制电路故障	45 分	
			2. 检修压缩机本身故障	15 分	
2	不停机	40	1. 检修外部因素故障	25 分	
			2. 检修元器件损坏故障	15 分	
安全文明操作	违反安全文明操作(视其情况进行扣分)				
额定时间	每超过 5 min 扣 5 分				
开始时间		结束时间		实际时间	成　绩
综合评议意见					
评议人			日　期		

**知识** 探究

电冰箱电气故障检修知识

电冰箱的电气控制电路由门灯控制电路、压缩机工作电路两部分组成。

门灯控制电路一般容易出现门开关损坏(门灯常亮不灭或不亮)故障,特别是门灯不能关闭,极易引起电冰箱不停机故障。好的门开关应是门开灯亮,门关灯灭。

压缩机工作电路部分由温控器、过载保护器、启动器和压缩机组成。其电冰箱典型工作电路如图1.9.17所示。

当供电正常,压缩机不工作可能由以下部件引起:

①温控器损坏。

②过载保护器开路。

③启动器继电器损坏。

④压缩机损坏。

部件损坏的特点:大部分由故障件开路损坏,造成无供电回路引起,应逐一检测判断。

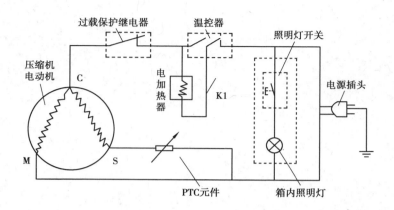

图 1.9.17　K1 为温度补偿开关

思考与练习

1. 运转电容和启动继电器串联和并联对压缩机的影响有什么不同？
2. 压缩机过载保护后能不能立即卸下过载保护器检测其好坏？为什么？

一、填空题

1. 电冰箱电气控制系统电路主要分为＿＿＿＿＿＿和＿＿＿＿＿＿两部分。
2. 门控灯电路包括＿＿＿＿＿＿和＿＿＿＿＿＿两部分。
3. 压缩机控制电路包括温度补偿电路、温控器、压缩机绕组、＿＿＿＿和＿＿＿＿几部分。
4. 直冷式电冰箱电路，主要包括两个部分＿＿＿＿＿＿和＿＿＿＿＿。
5. 磁性门封条是否变质失效，主要表现为＿＿＿＿和＿＿＿＿，使门关闭不严和关闭不到位。

二、选择题

1. 电冰箱的电气控制电路由门灯控制电路和过载电路两部分组成。　　　（　　）
2. 压缩机工作电路部分由温控器、过载保护器和启动器组成。　　　（　　）
3. 在电冰箱检修中，很多故障都体现为不制冷。　　　（　　）
4. 制冷正常不停机故障重点在温控器。　　　（　　）
5. 如果空调器动作失常或不动作，往往是过载电路有故障。　　　（　　）

项目2

维修空调器

教学目标

在进行空调器维修技能训练的过程中,本着循序渐进的原则,由表及里、由浅入深,先观察空调器整机结构及主要部件的外部特征,再逐步深入到各部分的内部,探究空调器制冷系统和电器控制系统及其器件的作用与工作原理。通过实际操作熟练使用维修空调器及其专用工具,掌握维修空调器的基本方法,会安装空调器,会对空调器进行移机,会维修空调器的常见故障。

安全规范

1. 工作场所要通风,严禁烟火,严禁放置易燃易爆物品,远离配电设备,以免发生火灾或爆炸。同时要配备灭火器材。

2. 乙炔和氧气钢瓶距离火源或高温热源不得小于 10 m。乙炔和氧气钢瓶之间距离不得小于5 m。气瓶要竖立放置,严防暴晒、锤击和剧烈振动。

3. 氧气瓶、连接管、焊炬、手套严禁油脂。氧气遇到油脂易引起事故。

4. 焊接操作前要仔细检查瓶阀、连接管及各个接头部分,不得漏气。

5. 开启钢瓶阀门时,应平稳缓慢,避免高压气体冲坏减压器。

6. 严禁在有制冷剂泄漏的情况下焊接。

7. 焊接完毕后,要关闭气瓶,确认无隐患后才能离去。

8. 安全用电,尽量避免带电操作,如果必须带电操作时应穿电工鞋,尽量单手操作。

9.进行制冷系统的维修时要佩戴手套和防护眼镜。

10.室外高空作业前不能饮酒,高空作业时必须系安全带,确保人身安全。

技能目标

1.学会选择和使用空调器。

2.学会使用维修空调器的专用工具。

3.学会安装家用空调器。

4.学会拆装家用空调器。

5.学会判断空调器的常见故障。

6.学会对空调器制冷系统进行故障检修。

7.学会对空调器电气控制系统进行故障检修。

任务1　使用及选用空调器

一、任务描述

作为一名专业的空调器维修人员除了具备熟练的使用空调能力,还应具备为自己、单位、亲朋好友选择空调的能力。这里介绍空调器的使用和选择。要完成这个任务,其作业流程如图2.1.1所示。

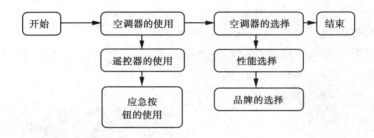

图2.1.1　作业流程

二、知识能力目标

能力目标:1.学会使用空调器。

　　　　　2.学会选择空调器。

知识目标:1.了解空调器的种类与技术指标。

　　　　　2.掌握空调器的使用及选用常识。

　　　　　3.理解变频空调技术指标。

三、作业流程

1.空调器的使用

(1)空调遥控器的使用

空调遥控器的种类、品牌、生产厂家很多。各种空调的使用大同小异,这里以海信KFR-25GW/57DN空调器为例介绍空调器的使用。海信空调器遥控器如图2.1.2所示。

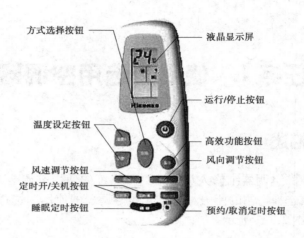

图 2.1.2　遥控器及功能按钮

1）用遥控器开机

把空调器的电源插头接插在空调专用电源插座上,按下"运行/停止"按钮开机(见图2.1.3),按一下开机,再按一下关机。

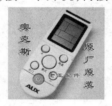

图 2.1.3　开关机按钮

图 2.1.4　温度控制按钮

2）温度设定

按下"温度+"和"温度-"按钮设定温度(见图2.1.4),按钮"温度+"每按一次上升1 ℃,按钮"温度-"每按一次下降1 ℃。

3）运行模式设定

连续按下"方式"选择按钮(见图2.1.5),可以选择空调运行于自动、制热、除湿及制冷等运行模式。按一次"方式"按钮,运行模式变换一次,4 种模式循环进行。

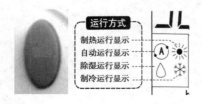

图 2.1.5　运行方式选择按钮

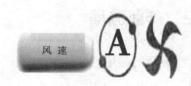

图 2.1.6　风速按钮及自动风速运行图标

4）风扇速度的设置

①自动风扇速度设置

按下"风速"按钮(见图 2.1.6),将风速设定成自动控制状态,此时空调器的微电脑根据所检测的室内温度和所设定的温度,自动选择最佳风扇转速。

②手动风扇速度设置

根据个人的需要,你可以通过按动"风速"按钮设定所需要的风速,不同风速有不同的图标(见图 2.1.7)。

低速　中速　高速

图 2.1.7　可以手动设置的 3 种风速

5)气流方向的设置

①手动调节水平方向(见图 2.1.8)

在空调器室内机出风口处,能够看到一排垂直导风叶片,通过手动左右拨动这排导风叶片,可以在水平方向调节出风口气流。

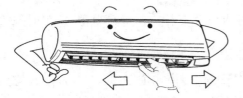

图 2.1.8　手动调节水平气流方向

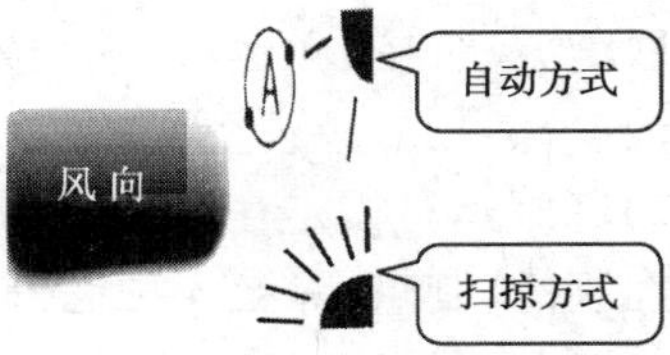

风向　自动方式　扫掠方式

图 2.1.9　风向按钮及方式图标

②遥控调节垂直方向

在空调器室内机出风口处,能够看到一排水平导风叶片,通过遥控器上的"风向"按钮(见图 2.1.9),设定水平导风叶片的位置,可以在垂直方向上调节出风口气流。其方式有扫掠方式和自动方式两种。其中,扫掠方式是风门叶片上下自动转动,将气流送到尽可能大的范围;自动方式是空调器可根据方式的不同而自动调节气流方向。

6)定时设置

①定时开机设置

按动"定时开"按钮(见图 2.1.10),可设定空调器在关机状态,经过设定的时间后,空调器将自动开始运行。

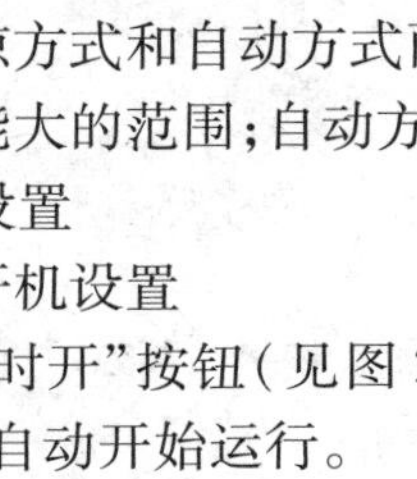

定时开　定时关

图 2.1.10　定时开关机按钮

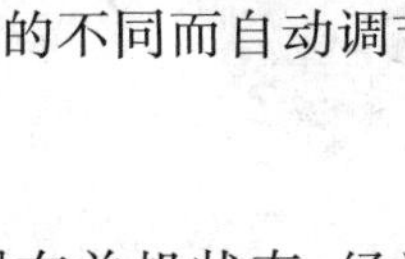

预约/取消

图 2.1.11　预约/取消按钮

设定方法如下:

a. 按下"方式""温度""温度 +"等按钮设定成所希望的运行状态。

b. 按下"定时开"按钮,可以看到液晶显示器左下角出现规定时间和闪烁的 ON 标志。这时每按一下按钮,定时时间以小时为单位增加 1,直到 12 h 后又从 a 循环开始。

c. 按下"预约/取消"按钮(见图2.1.11),即完成定时开机时间设定。这时将看到原先闪烁的 ON 不再闪烁,并且它和开机定时时间数字一起保留在屏幕上。

取消方法:按"预约/取消"按钮,定时时间和 ON 标志从屏幕上消失,定时开机功能取消。

②定时关机设置(见图2.1.12)

按"定时关"按钮可设定空调器在开机状态,经过设定的时间后,空调器将自动停止运行。

设定时间显示
定时开机显示
定时关机显示

图 2.1.12　定时开关机
屏幕显示

设定方法如下:

a. 按下"定时关"按钮,可以看到液晶显示器左下角出现规定时间和闪烁的 OFF 标志。这时每按一下按钮,定时时间以小时为单位增加1,直到12 h 后又从 a 循环开始。

b. 按下"预约/取消"按钮,即完成定时开机时间设定。这时将看到原先闪烁的 OFF 标志不再闪烁,并且它和关机定时时间数字一起保留在屏幕上。

取消方法:按"预约/取消"按钮,定时时间和 OFF 标志从屏幕上消失,定时关机功能取消。

7)睡眠运行设定

在制冷、制热、除湿 3 种运行模式中,按下"睡眠"模式按钮(见图2.1.13),空调器将会自动调节设定温度以节约电力,使房间温度在人体睡眠时达到最舒适状态。取消睡眠方式再按一次睡眠按钮即可。

注意:自动状态下,睡眠功能不起作用。

睡眠　面板显示

高效

图 2.1.13　睡眠按钮及显示图标　　　　图 2.1.14　高效运行按钮

8)高效运行设置

高效运行可以提高空调器的冷热量输出,在冬天、夏天外出刚回家时使用,迅速使人感到舒适。

设定方法:在制冷、制热、除湿、状态下,轻轻按动遥控器上的"高效"按钮(见图2.1.14),听到一声笛响,显示窗上"高效"指示灯亮,标示空调器进入高效运行状态。高效运行持续时间最长为 15 min。

取消方法:在高效运行状态下再按一次"高效"按钮,听到一声笛响即可。

(2)无遥控器时启动、关闭空调器

如果遥控器遗失或有故障时请按下列步骤进行操作:

启动空调器:如果希望打开空调器,只需把空调器电源断开 3 min 以上,然后接通电源,打开进气格栅,轻轻按下室内机上的"应急开关"按钮(见图2.1.15),即可完成。此时,空调器将自动根据室温确定运行方式。

关闭空调器:如果希望关闭空调器,只需轻轻按室内机上的"应急开关"按钮,即可完成。

注意:每按一次按钮时间不可太长,否则空调器会进入非正常运行状态。

应急开关

图2.1.15　应急开关按钮位置

图2.1.16　空调器铭牌

(3)观察空调的铭牌

空调的铭牌上参数可以帮助认识和使用空调器(见图2.1.16),其参数包括空调器的型号、类型,额定工作电压,额定频率,额定制冷工作电流,额定制热工作电流,额定制冷量,额定制热量,等等。

2.空调器的选择

1)选择空调器的类型:根据用户的居住条件而定(见图2.1.17)。

2)选择空调器的功能:根据工作和生活需要来确定。

图2.1.17　空调实物图

3)选择空调器的容量:根据房间的面积,房间朝向,窗户的大小、多少,房屋保温情况,所在楼层,房间高度,以及居住人数等因素综合考虑。

4)选择空调器的能效比:一级最节能,能效比在3.4以上。

5)选择空调应考虑其噪声:室内机组的噪声不应大于45 dB,室外机组的噪声不应大于55 dB。

6)选择空调器的循环风量:应尽量先用大循环风量的空调器,可以节略电能。

7)电源及额定电流的选择:除特殊要求外应为单相交流(AC)220 V,

产品型号		KFR-23 GW/57 N
额定电源电压		a.c220 V
适用电源电压范围		a.c198~242 V
额定电源频率		50 Hz
额定制冷量		2.3 kW
额定制热量		2.5 kW
额定制冷输入功率		0.87 kW
额定制热输入功率		0.89 kW
额定制冷输入电流 // 最大输入电流		4.0 A // 5.8 A
额定制热输入电流 // 最大输入电流		4.0 A // 5.8 A
能效比	(EER)	2.64 W/W
性能系数	(COP)	2.81 W/W
能效等级		5级
循环风量	(制冷 // 制热)	480 m³/h // 380 m³/h
室内机噪声	(最小 // 最少)	30 dB(A) // 38 dB(A)
室外机噪声		50 dB(A)
净质量	(室内机 // 室外机)	8.0 kg/25.0 kg

图2.1.18　空调器说明书的技术指标

或三相交流 380 V,电压值允差为 ±10%,频率为 50 Hz。

8)尽量选购名牌产品。

9)最好在大商场或空调专卖店购买。

10)要注意产品的安全认证标志——CCC 标志。

11)阅读空调器说明书,了解这台空调器的主要技术规格及适用的地区及房间面积(见图 2.1.18)。最后选择合适的空调器。

做一做

在家里或实训室里去使用一次空调器。然后到电器商场去为自己家里或朋友选择一台合适的空调器。

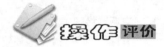操作评价

使用和选择空调器,学会了多少,请根据表 2.1.1 中的要求进行评价。

表 2.1.1　使用和选择空调器评价表

序 号	项 目	配分	评价内容		得 分
1	空调的使用	45	1.会遥控开机	5分	
			2.会温度设定	5分	
			3.会运行模式设定	10分	
			4.会风速设定	5分	
			5.会气流方向调节	5分	
			6.会定时开关机设定	5分	
			7.会睡眠方式设定	5分	
			8.会高效运行设定	5分	
2	空调的选择	55	1.会选择空调器的类型及功能	10分	
			2.会选择空调器的容量	10分	
			3.会选择空调器的能效比	5分	
			4.会选择空调器的循环送风量	5分	
			5.会考虑空调器的噪声、品牌	10分	
			6.会考虑空调器的售后服务	10分	
			7.会看产品说明书	10分	
安全文明操作		违反安全文明操作(视其情况进行扣分)			
额定时间		每超过 5 min 扣 5 分			
开始时间		结束时间		实际时间	成　绩
综合评议意见					
评议人			日　期		

1.空调器的分类

空调器(简称空调)具有对房间进行降温、升温、除湿、净化空气和增加空气中负离子含量等作用。

(1)按用途不同分类

空调器按用途不同、可分为家用空调与商用空调器两大类。前者以家庭应用为主,后者多用于集体场合,如会议室、商场、舞厅、饭店等。一般而言,商用空调器的制冷/制热功率大。另外,为了调节方便、节约能源、外形美观,相当多的办公楼、写字楼、高档饭店、宾馆、体育场馆等均使用中央空调器(简称中央空调)。从某种意义上讲,中央空调器就是由一个超大型的室外机带动若干个室内机的"一拖多"商用空调器。近年来随着人们物质生活水平的提高,住房条件的改善,复式住宅及别墅的发展,家用(户式)中央空调器也有很大的发展,许多经济实用的品牌不断地推向市场。

(2)按结构不同分类

空调器按结构不同,可分为整体式和分体式两种。前者有移动式(见图2.1.19)和窗式(见图2.1.20)两种,后者则由室内机和室外机两部分组成。窗式空调器因多安装在房间的窗户上而得名,具有体积小、耗电少、价格低等优点,但因其影响光线且不太美观、相对噪声较大而不太被人接受,近几年的市场份额已很小。移动式空调器则应用于一些特殊场合。

图2.1.19　移动式空调

图2.1.20　窗式空调

分体式空调器的室外机专门用于散热,噪声较大;室内机组则用于制冷(热),噪声小。因此,分体式空调器的最大优点是室内噪声小。另外,根据室内装修的整体要求,室内机可以有各种选择,如壁挂式(挂式)(见图2.1.21)、吊顶式、柜式(又称柜机)(见图2.1.22)、落地式、嵌入式或天井式等。其中,落地式和柜式空调器具有制冷/制热量大、风力强、能效高、室内机造型美观等特点,多用于会议室、饭店及居室客厅中。落地式和柜式分有单相与三相,前者使用单相电220 V,后者使用三相电380 V。

图 2.1.21　挂式分体空调　　　　图 2.1.22　柜式分体空调

（3）按功能不同分类

空调器按功能不同，可分为单冷型和冷暖型两种。前者只能用来制冷而不能制热，后者既可以制冷也可以制热。按照制热方式不同，冷暖空调又分电热型、热泵型和热泵辅助电热型（热泵电辅型）。电热型冷暖空调器设置有专用的电加热器，制冷时的运行状态与单冷型空调器相同，制热时只有电加热器和电风扇工作，类似于目前市场上的暖风机，其最大缺点是制热效率低。热泵型冷暖空调器的制冷和制热均使用压缩机和制冷剂，而且其循环系统也是一个，利用电磁四通阀改变制冷剂在循环系统的流向，分别获得制冷/制热效果。例如，空调器制冷时，其制冷剂在管道中的流通方向是把室内的热量带走，通过室外机释放出去，使室温降低。制热时，其制冷剂（氟利昂）在管道中的流通方向与制冷时相反，室内机、室外机的功能也发生了变化，在室外吸收热量，通过室内机释放热量，使室温升高。热泵型冷暖空调器的制热效率比较高，1 kW的电能可能获得约 3 kW 的热量；其缺点是制热能力随室外机环境温度的降低而降低，当室外环境温度等于 −5 ℃时，其制热量仅为名义制热量的 0.7。热泵辅助电热型空调器是上述二者的结合，吸收了它们各自的优点，同时也扩大了制热时空调器工作温度的适应范围（一般为 −15 ~ 43 ℃，有的机型达到 −25 ~ 43 ℃）。

（4）按空调器中压缩机的工作方式不同分类

空调器按压缩机的工作方式不同，可分为定速、交流变频和直流变频空调器。定速空调器也称定频空调器，是传统的空调器，压缩机工作电源为固定的市电220 V/50 Hz，转速只有一个固定值。交流变频空调器中带动压缩机运转的电动机虽然也是异步电动机，但其激励信号的频率不再是固定的 50 Hz，而是随着制冷/制热量的需要在 15 ~ 150 Hz 变化。当室内空调器负载加大时，压缩机在计算机芯片控制下快速运转，使其制冷/制热量增加；而当室内空调器负载减小时，压缩机则在计算机芯片控制下慢速运转。直流变频空调器中带动压缩机的电动机是无刷直流电动机，其激励信号为直流。可以这样说，变频空调器是"变速"空调器，即其压缩机的转速是变化的。它的突出优点是寿命长、噪声小、节电高效、启动迅速、运转灵活、控温精确且稳定。直流变频空调器比交流变频空调器具有更大的节能优势和更多的优点，由于其相对技术要求更高，现在还不是变频空调器的主流产品。目前，市场上的变频空调器绝大多数是交流变频空调器。除此之外,变频空调器融进了更多的电子技术、微电子学技术和微型计算机技术,具有操作方便、智能化运行、自动报警、保护停机、自动检测并显示故障部位或原因等多种功能,很受消费者的青睐。

近年来,随着人们物质生活水平的提高及住房条件的改善,特别是复式住宅、别墅的快速发展,一拖二、一拖三、一拖四空调器及户式中央空调器(又称单元式空调器、家用中央空调器等)有较大的发展。

随着人们对室内空气质量的关注,健康空调器备受青睐。受市场及利润的驱动,各生产厂家陆续推出各种名称、型号的品牌,如"健康龙""全健康""克菌王"、"健康静音王"等系列空调器。采用的主要"健康技术"有广谱抗菌技术、除尘等离子技术、健康负离子技术、光触媒技术、空气清新冷触媒技术等。由于缺乏国家标准,采用这些技术的空调器,其杀菌技术较为成熟,因而其应用也较多。

2. 空调器型号命名方法

空调器型号代表了它的结构、工作方式及其主要性能,安装、维修人员应清楚型号中各字母、数字代表的具体意义。根据国家标准 GB/T 7725—2004 规定,国产家用空调器的型号命名方法如下:

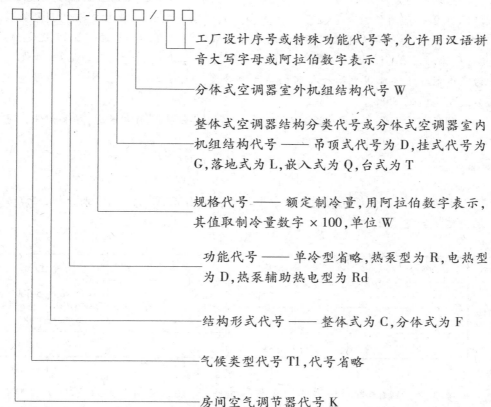

工厂设计序号或特殊功能代号等,允许用汉语拼音大写字母或阿拉伯数字表示

分体式空调器室外机组结构代号 W

整体式空调器结构分类代号或分体式空调器室内机组结构代号 —— 吊顶式代号为 D,挂式代号为G,落地式为 L,嵌入式为 Q,台式为 T

规格代号 —— 额定制冷量,用阿拉伯数字表示,其值取制冷量数字×100,单位 W

功能代号 —— 单冷型省略,热泵型为 R,电热型为 D,热泵辅助热电型为 Rd

结构形式代号 —— 整体式为 C,分体式为 F

气候类型代号 T1,代号省略

房间空气调节器代号 K

例如,某空调器型号为 KFR-35GW/A,表示分体式热泵型挂式房间空调器(包括了

室内机组和室外机组),制冷量为 3 500 W,第 1 次改型设计;KFR-50 L/BP 表示分体式热泵型落地式变频房间空调器室内机组(BP 分别为汉语拼音"变"和"频"的第 1 个字母)。

随着空调器技术的不断完善、发展,其新功能层出不穷。因此,空调器型号命名中"工厂设计序号或特殊功能代号"部分所选用的字母和数字,目前国内生产厂家尚不统一。例如,交流变频和直流变频多数用字母 BP 和 ZBP 表示,也有用 F 和 Fd 表示的。至于带有负离子发生器、换气等装置或功能的空调器,表示方法更不统一。另外,空调器使用的控制器、有线和无线遥控器的型号命名方法目前也无统一规定。

3. 空调器的主要技术指标

为规范空调器的生产,保证消费者的利益,国家业务主管部门制订了空调器的一系列技术标准及相应的测量方法。显然,空调的主要技术指标不仅是衡量其质量高低的主要依据,而且也是判断其运行是否正常的主要依据。因此,安装、维修人员均应清楚其含义,以便于对空调器的故障进行判断和检修。

(1)制冷量

空调进行制冷运行时,单位时间从密闭空间、房间或区域除去的热量称为制冷量,单位为 W。空调器制冷量又有制冷量和实测制冷量之分。前者是指空调器铭牌上标称的制冷量,其工况(可理解为环境条件)按国家标准 GB/T 7725—2004 规定为:室内测,干球温度 27 ℃,湿球温度 19.5 ℃;室外测,干球温度 35 ℃,湿球温度 24 ℃。后者为空调器非上述工况制冷运行时的实际制冷量。国家标准规定:实测制冷量应不低于名义制冷量的 95%。

顺便指出,国产空调器的制冷/制热量单位过去曾用千卡或大卡(kcal/h),它与千瓦(kW)的关系为

$$1 \text{ kW} = 860 \text{ kcal/h}$$
$$1 \text{ kcal/h} = 1.16 \text{ W}$$

另外,国外对空调器的制冷量常用马力(hp,称匹,用 P 表示)来分挡,匹与制冷量的对应关系见表 2.1.2。

表 2.1.2

制冷量/P	制冷量/W	制冷量/P	制冷量/W
3/4	1 760 ~ 2 050	2	4 180 ~ 5 560
1	2 100 ~ 3 000	2.5	5 860 ~ 6 040
1.5	3 000 ~ 4 000	3	6 040 ~ 9 080

近年来,习惯上将空调器的制冷量称为匹,一般名义制冷量为 2 500,3 500,5 000,7 500,12 000 W 时,分别称为 1,1.5,2,2.5,3.5 匹,其余规格则分别冠以"大"或"小"。例如,某空调器的型号为 KFR-32GW,俗称为小 1.5 匹;若为 KFR-36GW,则称为大 1.5 匹。

（2）制热量

空调器进行制热运行时，单位时间内送入密闭空间、房间或区域的热量，称为制热量，单位为 W。空调器的制热量也有名义制热量和实测制热量之分。前者是指空调器铭牌上标称的制热量，其工况按国家标准 GB/T 7725—2004 规定为：室内测，干球温度21.0 ℃，湿球温度未规定；室外测，干球温度 7.0 ℃，湿球温度 6.0 ℃。后者是指空调器在非上述工况进行制热运行时的实际制热量。国家标准规定：热泵型空调器的实测制热量应不低于名义制热量的 95%。

实际中，空调器的适用面积与房间朝向、窗户的大小与多少、房屋的保温情况、所在楼层、房间高度及居住人数都有关系。因此，表 2.1.3 所列数据仅供一般情况下选用空调器时参考。

表 2.1.3　空调器制冷/制热量与适用房间面积的对应关系

房间面积/m³	设置空调器		房间面积/m³	设置空调器	
	制冷量/W	制热量/W		制冷量/W	制热量/W
10～16	2 300	2 600	27～40	6 000	6 700
12～18	2 600	2 950	29～45	6 100	8 110
15～22	3 200	3 750	32～52	7 000	9 800
16～24	3 500	4 200	36～55	7 500	10 300
21～31	4 700	5 400	57～88	12 000	15 700
29～37	5 000	6 110			

（3）制冷消耗功率

空调器的制冷消耗功率分为名义制冷消耗功率和实测制冷消耗功率。名义制冷消耗功率是指空调器铭牌上标称的制冷消耗功率，或者说是与名义制冷量相对应的消耗功率，单位为 W；实测制冷消耗功率是指空调器在通常条件下进行制冷运行时实际的消耗功率。如果空调器命用的环境温度不符合名义制冷条件，如室内温度高于 27 ℃，室外温度高于 35 ℃，空调器的实测消耗功率必然大于名义制冷消耗功率。国家标准规定：空调器的实测制冷功率应不大于名义制冷消耗功率的 110%。

（4）制热消耗功率

空调器的制热消耗功率也分为名义制热消耗功率和实测制热消耗功率。名义制热消耗功率是指空调器铭牌上标称的制热消耗功率，即与名义制热量相对应的消耗功率，单位为 W；实测制热消耗功率是指在通常条件下进行制热运行时实际的消耗功率。国家标准规定：空调器的实测制热消耗功率应不大于名义制热消耗功率的 110%。

（5）能耗比 EFP 和性能系数 COP

能耗比 EFP 又称效能比，它是指在额定工况和规定条件下，空调器进行制冷运行时制冷量与有效输入功率之比，其值用 W/W 表示。性能系数 COP 是指在额定工况和规定条件下,空调器进行热泵制热运行时制热量与有效输入功率之比,其值也用 W/W 表示。上述有效输入功率是指在单位时间内输入空调器内的平均电功率,包括压缩机运行的输入功率和化霜输入功率(不用化霜的辅助电加热装置除外),所有控制和安全装置的输入功率及热交换传输装置的输入功率(风扇、泵等)。

国家现行标准规定:空调器能效标准分为 5 级,一级最节能,能效比在 3.4 以上,二级为 3.2,三级为 3.0,四级为 2.8,五级为 2.6。我国自 2005 年 3 月 1 日起实行空调能效标识强制认证以来,五级产品及五级以下产品已基本淘汰,大部分产品为三、四级,某些优质产品(如直流变频空调)的能效比已达到 4.42。

(6)空调器的循环风量

空调器的循环风量是指在其新风门完全关闭的情况下,单位时间内向密闭空间,房间蓝天区域送入的风量,即每小时流过蒸发器的空气量,单位为 m^3 或 m^3/h。

循环风量其空调器的重要参数之一。空调器循环风量大,必然造成进、出风口空气温差小,出风温度高。同时风机噪声大,而循环风量小时,噪声不降,出风口空气温差大,造成空调器能效比下降,电耗增加。用户在选择空调器时,在保证噪声允许的前提下,应尽量先用大循环风量的空调器,这样可以节约电能。

(7)噪声

空调器的噪声是指其运行时产生的各种声音。这些声音主要是由风机、循环风、蒸发器、冷凝器及压缩机产生。

空调器铭牌上的噪声是在国家 GB/T 7725—2004 规定的工况条件下,在噪声测试室中测得的,单位为 dB。国家标准规定:制冷量在 2 000 W 以下的空调器,室内机组的噪声不应大于 45 dB,室外机组的噪声不应大于 55 dB;制冷量为 2 500 ~ 4 000 W 的空调器,室内机组的噪声不应大于 48 dB,室外机组的噪声不应大于 58 dB。

(8)电源及额定电流

国家标准 GB/T 7725—2004 规定,房间空调器使用的电源,除特殊要求外应为单相交流(AC)220 V,或三相交流 380 V,电压值允差为 ±10%,额定电源频率为 50 Hz。

额定电流是空调器在国家标准 GB/T 7725—2004 规定的工况下连续运行时测得的电流,实际运行中应不大于产品铭牌上标称的名义电流的 110%。

思考与练习

1.空调遥控器不能遥控开机的故障可能有哪些原因?

2.在海南省三亚市和在重庆市主城区各有一间 17 m^2 的居住房间,请你为这两间房间各选一台空调器并说明理由。

3.空调器的种类有哪些?

4.什么是空调器的循环风量?

一、填空题

1. KF-25 空调器表示的是：_____。

2. 空调器按结构分为_____和_____两种；空调器按功能分为_____和_____两种；按空调器中压缩机的工作方式分为_____、_____和_____3种。

3. 空调器的制冷消耗功率_____和_____之分。

4. 空调器的循环风量的单位是_____和_____。

5. 空调器进行制热运行时，_____内送入密闭空间、房间或区域的_____，称为制热量，单位为_____。空调器的制热量也有名义制热量和实测制热量之分。

二、判断题

1. 空调器分为单冷型和冷暖型两种。 （   ）

2. 国家标准规定：空调器的实测制冷功率应不大于名义制冷消耗功率的200%。 （   ）

3. 单位时间内送入密闭空间、房间或区域的热量，称为制热量。 （   ）

4. 变频空调器不是"变速"空调器。 （   ）

5. 国家现行标准规定：空调器能效标准分为4级。 （   ）

任务2 安装和调试空调器

一、任务描述

从事空调安装与维修的人员都知道："空调器三分质量，七分安装"。由此可知，空调器的规范安装对其正常运行是何等重要！为此，国家相关主管部门专门制订了空调器安装规范，并于2006年5月1日执行，以保证空调的安全运行。正规的生产厂家也相应制订了空调器的安装要求。这里介绍空调器的安装和调试，要求掌握空调器的安装注意事项，了解上门服务的基本知识，了解空调器的安装程序和规范。为完成这个任务，其作业流程如图2.2.1所示。

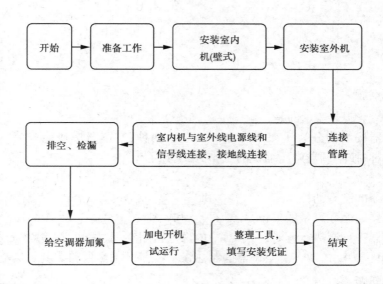

图 2.2.1　作业流程图

二、知识能力目标

能力目标:1.学会选择室内机的安装位置和安装室内机。
　　　　　2.学会选择室外机的安装位置和安装室外机。
　　　　　3.学会连接管路和安装电气线路。
　　　　　4.学会排除空气、检漏、给空调器加氟和试机调试。
知识目标:1.空调器的安装注意事项。
　　　　　2.上门服务的基本知识。
　　　　　3.空调器的安装程序和规范。

三、作业流程

1.准备工作

准备工作主要是选择室内机和室外机的安装位置。

室内机的安装位置应选择在房间每个角落都能被空调器均匀调节,最好是墙上较高位置,能承受空调器的重量,配管和排水管伸出室外的长度最短,有操作维修和气流空间,如图2.2.2所示。

室外机的位置选择原则有两个:一是比室内机低,要求室内机和室外机的最大高度差为7 m;二是室内机和室外机之间的最大配管管长为15 m,如图2.2.3所示。

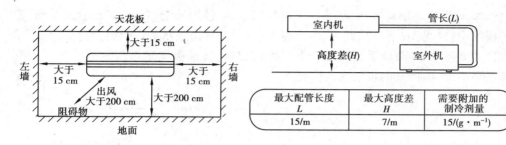

图 2.2.2　室内机安装位置　　　图 2.2.3　室内、外机高度差和配管长度的选择

室外机应选择在远离热源(见图 2.2.4)、尽量凉爽、通风的场所,周围有足够的进气和出风以及维修的空间(见图 2.2.5)。要有坚实的基座,有能承受空调器的重量和安装人的重量之和的 4 倍以上的承受力。离地不得低于 10 cm,避免室外机因潮湿或可能被腐蚀而损坏,减少寿命。室外机要用地脚螺栓固定机座,以减少振动和噪声。

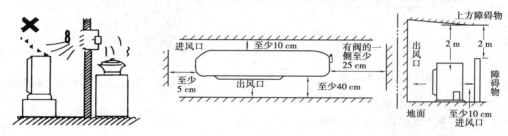

图 2.2.4　室外机远离热源　　　图 2.2.5　室外机安装位置选择示意图

2. 安装室内机

室内机安装的关键技术是,壁挂室内机是挂墙板的水平度和牢固度,分体立柜式室内机是水平度与稳定度。以壁挂式室内机为例,安装方法和步骤如下:

步骤 1:取下挂墙板(见图 2.2.6),利用挂墙板画好打孔的位置,根据室内机的安装位置利用挂墙板画好固定位置。此时一定要将挂墙板放水平面,以免室内机倾斜,影响美观和排放冷凝水。可以利用水平仪,也可以利用重垂线。

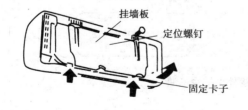

图 2.2.6　室内机挂机板

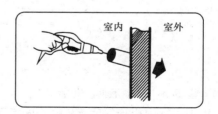

图 2.2.7　打换气孔和穿墙孔

步骤 2:打好换气孔和穿墙孔,根据空调器的安装位置及走管方向,对于有换气功能的空调器,应在合适的位置利用空心钻钻好换气孔和穿墙孔,换气孔直径一般为70 mm,应内高外低,安装保护圈,用石膏或水泥固定好(见图 2.2.7)。

步骤3：固定矩形挂墙板，按步骤1画好的位置，使用冲击钻打孔安放套式木楔，把挂墙板固定好（见图2.2.8）。此时，应注意3点：一是冲击钻钻头直径要合适；二是若钻孔位置处墙体不坚固，应适当改换一下位置；三是将挂墙板固定后应复核一下牢固程度和水平情况，确保室内机的安装质量。

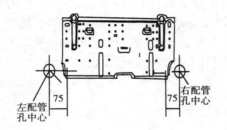

图2.2.8 挂墙板

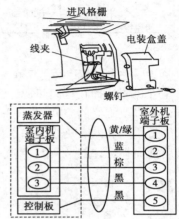

图2.2.9 室内、外机联机线对应关系

步骤4：室内机联机线连接。

①打开进风格栅，取下电源盒盖。

②取下电装盒里面的线夹。

③将联机线从室内机后面插入，从前面拉出。

④将联机线牢固连接到端子板上。

⑤用线夹将联机线固定好，装上电装盒，关好进风格栅。

注意：联机线要与端子板上的编号一一对应（见图2.2.9）。

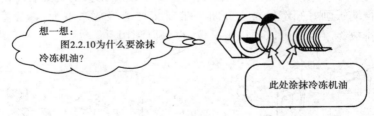

图2.2.10 连接管外涂抹冷冻油

步骤5：室内机配管安装。

①将室内机连接管接头处的螺帽取下，对准连接管喇叭口中心（锥头加冷冻油，见图2.2.10），先用手拧紧锥形螺母（见图2.2.11），然后用扳手拧紧（见图2.2.12）。注意拧紧时应避免用力不足，拧不紧而泄漏，也不可用力过大，损坏喇叭口而泄漏。

②安装时，不要使外界灰尘、杂物、空气和水分带入管内。因此，未安装时不要拆开连接管封盖。

图 2.2.11　用手拧紧锥形螺母　　　　图 2.2.12　用扳手拧紧螺母

③排水软管的任何部位都应低于室内机的排水口。

④用包扎带将管路、线路及排水软管按配线在上、排水管在下的方式包紧(见图 2.2.13)。

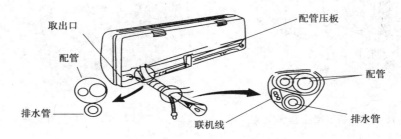

图 2.2.13　管道、联机线和排水管的包扎

⑤将配管压板压下,固定住包扎好的管线。

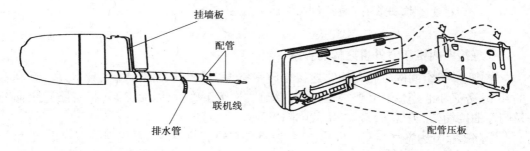

图 2.2.14　管线穿墙和室内机移至挂墙板　　　图 2.2.15　室内机安装到挂机板上

步骤6:安装室内机。

①将包扎好的管线穿出墙孔,室内机管线连同室内机移至挂墙板对应位置(见图2.2.14)。

②将室内机上方的两个安装槽挂在挂墙板的固定爪上,左右移动一下机体,检查其是否固定好。

③双手抓住机体两侧,将室内机压向挂墙板,使其底部牢固连接(见图2.2.15)。

3. 安装外机组

不管是分体壁挂式空调器还是分体柜式空调器,其室外机组安装方法和要求是一样的,其位置即可以选择在建筑预留的水泥基座上,也可以选在外墙任何合适的地方支架上,还可以在建筑物的顶尖上。

其步骤如下:

①将室外机小心地放在安装位置上(见图2.2.16)。

②使用4个底脚螺栓将室外机与支架牢固连接,螺栓应加防振垫片,防止振动造成物体坠落引发事故(见图2.2.17)。

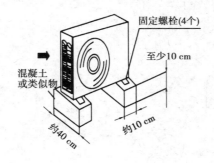

图 2.2.16　室外机混凝土基座安装　　　　图 2.2.17　室外机支架

 想一想

在室外机安装时,高空作业应注意哪些安全事项?

4. 连接室内机和室外机之间的管路

室内、外机组间的管路与线路连接是整个空调器安装中最为关键、技术要求最高的环节,务必小心谨慎。其要求是:配管及配线连接正确,牢固无渗漏(指管路),走向及与弯曲度简洁、美观、合理,勿留故障隐患。

管路连接分为管路与室内机的连接、管路与室外机的连接。首先连接室内机,然后连接室外机。管路与室内机的连接前面已述,这里只介绍室内机管路与室外机的连接。

室内机与管路连接好后,进而将管路与室外机连接好。首先沿着设定的走向将管路弯曲所需要的形状(无特殊情况不要将随机附带的管路截短)。然后按相似的方法,将气管和液管分别与室外机的气阀和液阀连接好(气管接着暂时不要拧紧,下一步还要排除管路系统中的空气)。凡管路(与线路)拐弯的地方,应做好防水弯,以免雨水进入室内或机体内导致事故发生。最后用不干胶带将其包扎好,用管夹固定好。

排水管室外部分不宜过长,以防空中摇曳;楼房落水管有专用开口,落水管相距又较近时,应将其放入落水管内。

注意事项

1.不使用弯管而用手直接弯管，导致管子扁瘪，弯管的曲率半径小于10cm，在同一部分反复弯管而导致裂纹。

2.扩管时操作不规范，导致扩口歪斜不对称或扩口不平、有裂纹、厚度不均匀等；擅自截短连接管（或连接线）。

3.配管两端扩口完毕，应立即进行管路连接，以防灰尘、杂质、潮气进入管内。有某种原因而不能立即连接时，应用洁净的塑料布包扎好。

4.配管连接时，接头与喇叭口的接触面上应涂上少许冷冻机油(见图2.2.11)。用一只扳手固定接头，另一只扳手反时针用力，将连接螺母旋紧(见图2.2.13)。

5.室内机与配管连接处要用黑色保温套(见图2.2.18)包扎好，再用包扎带包扎好，无保温套包扎的部分不应超过10cm。

6.排水管与室内机连接时，其接头处要用防水胶布进行包扎，以免室内漏水；在与气管和液管一块包扎时，应放在它们的下面，中间不可扭曲，以免影响排水。

 想一想

黑色保温套的作用是什么？

图2.2.18 黑色保温套

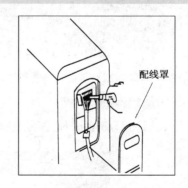
配线罩

图2.2.19 室外机配线盒

①用十字螺丝刀拆下室外机配线罩。

②取下里面的线夹。

③将联机线各端子对应编号接入室外机端子板（见图2.2.19）。

④拧紧所有固定螺钉,确保接插件牢固连接。

⑤用线夹将联机线固定好,安好配线罩。

注意:

①"Y"形端子应全部插入接线排,地线环形端子必须完整接入。

②禁止将多余的线路缠绕塞压在室外机接线盒内,以免造成涡流发热,发生意外。

5. 排除空气

1)拧下气阀、液阀阀帽(见图2.2.20)。

2)用扳手拆下气阀排气口阀帽,用尖细的物体顶住气阀排气口阀针。

3)用内六角扳手反时针打开液阀阀芯,此时气阀排气口有气体排出,10～15 s后松开气阀排气口阀针。

4)如无泄漏等问题,用内六角扳手反时针完全打开气、液管阀阀芯。

5)将所有阀帽加冷冻油后拧紧,排气结束。

6. 检漏

如图2.2.21所示,用湿毛巾或海绵蘸肥皂水,检查室内外所有接头及工艺阀,检修阀帽处停留时间不得少于30 s。有气泡冒出处则有泄漏,应该立即处理。检漏完毕,应洗净肥皂液。

图2.2.20 室外机上的气阀和液阀

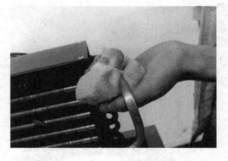

图2.2.21 空调器管路检漏

7. 添加制冷剂

空调器因管路增长时,需添加制冷剂,如图2.2.22所示。

图2.2.22 空调器添加制冷剂

图2.2.23 空调器试机

1) 在气管阀工艺口连接好三通阀、压力表、加氟软管、制冷剂瓶及真空泵等。

2) 打开气管阀阀芯后,开始慢慢加氟。用台秤等较精确的计量工具称重。

3) 当制冷剂瓶内制冷剂的减少量等于空调器因管路增长时需添加制冷剂量时,关闭制冷剂瓶阀门。

8. 试机

1) 检查电源、机组无问题后,插上电源。

2) 开机后,根据当前的室温设定制冷、制热,检查整机工作是否正常(见图 2.2.23)。空调器运行稳定后,在距室内侧出风口 5 ~ 15 cm 处用温度检测仪的感温头测量空调器的出风和回风温度,用钳形电流表等测量空调器电源线进线部分的电流值。

必要时,制冷系统高、低压侧安装压力表,观察压力的变化并记录压力数值。

9. 整理工具,填写安装凭证,结束安装

学习了空调的安装过程以后,请大家实际练习一下。

安装和调试空调器,学会了多少请根据表2.2.1中的要求进行评价。

表 2.2.1 空调安装评价表

序 号	项 目	配 分	评价内容		得 分
1	室内机的安装	35	1. 会室内机安装位置正确选择	5 分	
			2. 会换气孔和穿墙孔正确钻法	5 分	
			3. 会挂机板正确安装	5 分	
			4. 会室内机管路正确连接	10 分	
			5. 会室内机电源线正确连接	10 分	
2	室外机的安装	30	1. 会室外机安装位置的正确选择和安装	10 分	
			2. 会室外机和室内机管路的正确连接	10 分	
			3. 会室外机和室内机配线的正确连接	10 分	
3	其他项目	35	1. 会排除管内的空气	5 分	
			2. 会检查制冷剂的泄漏	5 分	
			3. 会给空调器添加制冷剂	10 分	
			4. 会空调器的通电试机	10 分	
			5. 整理工具,会填写安装凭证	5 分	

续表

序 号	项 目	配 分	评价内容				得 分
	安全文明操作		违反安全文明操作(视其情况进行扣分)				
	额定时间		每超过 5 min 扣 5 分				
	开始时间		结束时间		实际时间		成 绩	
	综合评议意见						
	评议人				日 期		

思考与练习

1. 给家用空调器添加制冷剂的方法有哪些?
2. 安装空调器有哪些注意事项?

一、填空题

1. 室内机的安装位置应选择在房间每个角落都能被空调器_____,最好是墙上_____位置,能承受空调器的_____,配管和排水管伸出室外的_____,有_____和_____空间。

2. 室外机应选在_____,尽量_____、_____的场所,周围有足够的_____和_____以及_____的空间。要有坚实的基座,有能承受_____和_____之和的_____以上的承受力,离地不得低于_____cm。

3. 室内机的安装有_____、_____、_____、_____、_____及_____6 个步骤。

4. 检漏方法有_____、_____、_____等几种。

5. 配管两端扩口完毕,应立即进行_____,以防_____、_____、_____进入管内。有某种原因而不能立即连接时,应用_____包扎好。配管连接时,接头与喇叭口的接触面上应涂上少许_____。用一只扳手_____接头,另一只扳手_____用力,将联接螺母旋紧。

二、简答题

1. 电源线(联机线)的连接应注意哪些事项?
2. 简述一种给空调器添加制冷剂的方法。

任务 3 认识并检测空调器常用器件

一、任务描述

空调器是一种利用制冷剂的物态变化的吸热和放热进行冷却和加热的设备。空调器一般由制冷系统、电气控制系统等部分组成,每部分又由几种不同的元器件组成。这里介绍它们的结构,要求理解它们的作用和检测它们的质量。其作业流程如图 2.3.1所示。

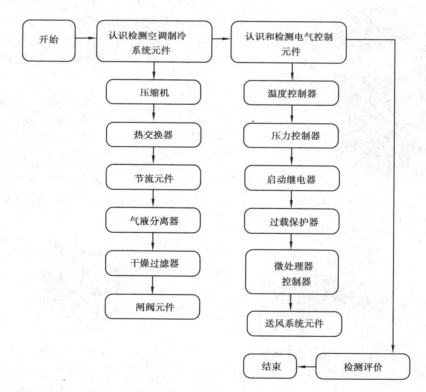

图 2.3.1 作业流程

二、知识能力目标

能力目标:1.学会认识和检测制冷系统元件。

2.学会认识和检测电气控制系统元件。

知识目标:1.理解空调器制冷系统部件作用。

2.理解电气系统器件作用。

3.了解空调器制冷系统部件结构和故障特征。

4.了解电气系统器件组成和故障特征。

三、作业流程

1.认识和检测制冷系统器件

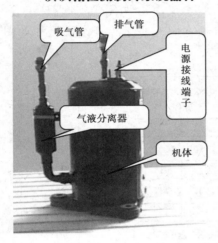

图2.3.2 旋转式压缩机

(1)认识和检测旋转式压缩机

1)认识旋转式压缩机(见图2.3.2)

外形特征:由排气管、吸气管、气液分离器、电源接线端子及压缩机机体组成。

作用:是空调器的动力装置,压缩机电动机为其提供原动力,将电能转换为机械能,驱动实现制冷剂在制冷系统中循环。

典型故障:不运转、抱轴、卡缸、发生液击、机壳温度上升、压缩机只运转不停机及制冷效率低。

2)检测旋转式压缩机

用万用表辨别旋转式压缩机电源接线端子的公共端、运行绕组端、启动绕组端(见图2.3.3)。辨别方法同前面的电冰箱的压缩机绕组的辨别方法,这里不再赘述。

图2.3.3 电源接线端子

图2.3.4 兆欧表

用兆欧表检测电源3个接线端子与机壳之间的绝缘电阻(见图2.3.4),任一接线端与机壳之间的电阻应大于2 MΩ。若太小或为零,说明绝缘性能变差或短路。

(2)认识和检测热交换器(见图2.3.5和图2.3.6)

外形特征:室内挂机和室外机的热交换器结构相同,在9~10 mm直径的U形铜管或钢管上,按一定片距套装上一定数量的片厚为0.2 mm的铝质或钢质翅片,经过机械胀管和用U形弯头焊接上相邻的U形管后,就构成了一排排带肋片的管内为制冷剂通道、管外为空气通道的热交换器。

图 2.3.5 室内挂机热交换器

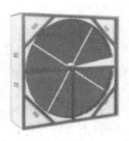

图 2.3.6 室外机热交换器

作用:制冷剂在热交换器里进行吸热或放热,达到制冷制热的目的。冷热两用型空调器的室内机和室外机的热交换器制冷制热的功能可以根据制冷制热模式进行转换(冷凝器和蒸发器可以交换)。

典型故障:空调器的制冷能力下降或根本不制冷,压缩机不停机。

质量检测:

a. 有无明显的变形和泄漏点。

b. 有无油污和霜层。

(3)认识和检测节流元件

毛细管

图 2.3.7 毛细管

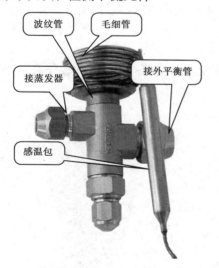

图 2.3.8 热力膨胀阀

1)认识和检测毛细管(见图2.3.7)

外形特征:毛细管长度为 2~4 m,内径为0.15~1 mm,外径为 2~3 mm 的紫铜管,毛细管加工成螺旋形。

作用:节流降压,控制蒸发器的制冷剂供应量。

典型故障:冰堵、脏堵、断裂、泄漏。

质量检测:

a. 毛细管的内径和外径。

b. 毛细管是否变形断裂。

2)认识和检测热力膨胀阀(见图2.3.8)

外形特征:感温包、毛细管、波纹管、蒸发器接口、外平衡管接口。

作用:热力膨胀阀安装在蒸发器的进口上,其感温探头,紧贴于蒸发器的出口路上,由于感温探头是根据热传递的温度变化而改变其压力的。它可以通过检测蒸发器出口处气态制冷剂的热度,从而实现自动地调节流入蒸发器液态制冷剂的流量。

故障特征:空调器制冷制热效果变差,主要是由于热力膨胀堵塞和感温失灵。

质量检测：

a. 毛细管、感温包是否变形。

b. 热力膨胀阀内部是否阻塞。

c. 感温剂是否泄漏。

3）认识电子膨胀阀（见图2.3.9）

外形特征：由制冷剂入口、出口，控制信号线，控制电机等组成。

作用：由微型计算机控制，通过温度传感器检测出蒸发器内制冷剂的状态，用来控制膨胀阀的开度，直接改变蒸发器中制冷剂的流量。

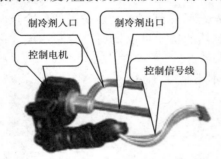

图2.3.9　电子膨胀阀

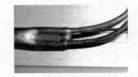

图2.3.10　分液器

故障特征：电子膨胀阀损坏会使制冷系统的供液量失控，造成制冷（热）效果变差。

质量检测：电子膨胀阀是否动作失灵。

4）分液器（见图2.3.10）

分液器的主要作用于制冷量大的空调，蒸发器的盘管往往有多根，分液器把制冷剂均匀分到几条支路送到蒸发器中。

（4）认识气液分离器（见图2.3.11）

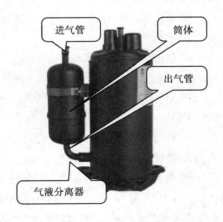

图2.3.11　气液分离器

图2.3.12　干燥过滤器

气液分离器又称储液器，是设置于制冷系统吸入流程上的保护压缩机的装置，它能对进入压缩机的回气进行气液分离，防止返回压缩机的低压、低温蒸汽携带过多的液滴,避免液体制冷剂进入压缩机而引起"液击"故障。

(5)认识干燥过滤器(见图2.3.12)

结构:干燥过滤器由直径为13~14 mm、长度为50~180 mm的粗铜管制成。

作用:吸附制冷剂中的水分,过滤制冷循环系统中的污物的灰尘。

故障特征:干燥过滤器因吸收水分太多而不能继续使用,需进行再生活化处理,也容易出现脏堵和冰堵。

(6)认识闸阀器件

1)单向阀(见图2.3.13)

作用:制冷剂单向流动,防止制冷剂气体或液体倒流。制冷剂流动方向与单向阀上的箭头指向一致。

室内机和室外机上面的热交换器表面积不同,在交换角色时需要的毛细管长度不同,单向阀就是改变毛细管的长度。制冷时导通,短路辅助毛细管;制热时不导通,主毛细管和辅助毛细管串联,增加毛细管的长度。

2)电磁四通换向阀

外形特征:如图2.3.14所示。

图 2.3.13 单向阀

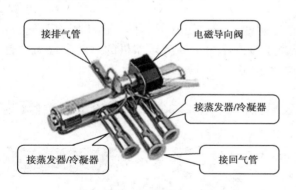

图 2.3.14 四通换向阀

图 2.3.15 双向电磁阀

作用:改变制冷剂的流向,实现制热与制冷的转换。它是热泵式冷热两用空调器的重要换向器件。

故障特征:制冷制热不能转换,通常是由四通电磁换向阀损坏造成的。

3)双向电磁阀(见图2.3.15)

双向电磁阀一般用在带除湿功能的冷暖两用空调器中。双向电磁阀设在压缩机的排气口与吸气口之间。电磁阀通电时,电磁阀开启,一部分制冷剂由排气口经双向电磁阀回到吸气口,使之与排气端的压力减小而轻载运行(夜间节能运行或单独除湿),制冷量减小;电磁阀线圈断电后,双向电磁阀关闭,压缩机满载运行。

4)截止阀(见图2.3.16、图2.3.17)

图 2.3.16　二通截止阀　　　　　　　图 2.3.17　三通截止阀

为了维修和安装方便,分体式空调器室外机组的气管各液管和接口上各连一个截止阀。

作用:打开和切断管路。截止阀有二通截止阀和三通截止阀,它们的不同之处在于三通截止阀多一个维修口。

2.认识和检测空调器电气系统器件

(1)认识和检测温度控制器

作用:可以根据温度变化进行调整控制的自动电源开关元件。由于用途不同,可分为普通温控器和专用温控器两种。普通温控器用于控制压缩机的运转和停机。普通温控器又分为机械压力式温控器和电子式温控器两类。

1)机械压力式温控器

机械压力式温控器分为波纹管式温控器(见图 2.3.18)和膜盒式温控器(见图2.3.19)。

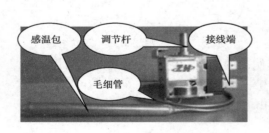

图 2.3.18　波纹管式温控器　　　　　图 2.3.19　膜盒式温控器

外形特征:由感温包、毛细管、调节杆(调节旋钮)、控制端等组成。

故障特征:触头接触不良或烧坏,造成动、静触点不能闭合而失去控制作用。

质量检测:感温剂是否泄漏,毛细管有无变形。

2)电子式温控器(见图 2.3.20)

电子式温控器是用负温度系数的热敏电阻(NTC)作为感温元件,温度变化信号转化为电信号,与三极管或集成电路组成的比较放大器配合,控制空调器的工作状态,达到温控的目的。电子式温控器灵敏度和可靠性高,便于多点控制,可与微处理器搭配实现遥控。

故障特征:热敏电阻损坏和失灵,电路脱焊,元件损坏等。

(2)认识和检测压力控制器

压力控制器又称压力继电器,是一种把压力信号转换为电信号,从而起控制作用的开关元件。

压力控制器分为高压控制部分和低压控制部分。高压控制部分通过螺纹接口和压缩机高

图2.3.20　电子式温控器感温探头

压排气管连接;低压控制部分通过螺纹接口和压缩机低压进气管连接。当因外界环境温度过高、冷凝器积尘过多、制冷剂混入空气或充入量过多、冷凝器发生故障等而使制冷系统高压压力超过设定值时,高压控制部分能自动切断空调器压缩机的电源,起到保护压缩机的作用。当因制冷剂泄漏、蒸发器堵塞、蒸发器灰尘过多、蒸发器风扇发生故障等而引起压缩机吸气压力过低时,低压控制部分自动切断空调器压缩机电源。它主要有两种:一是波纹管式压力控制器(见图2.3.21);二是薄壳式压力控制器(见图2.3.22)。

图2.3.21　波纹管式压力控制器

图2.3.22　薄壳式压力控制器

(3)认识和检测PTC启动继电器(见图2.3.23)

PTC元件为正温度系数的热敏电阻,在冷态时的阻值只有十几欧,启动时呈通路

状态,压缩机启动电流很大,使压缩机产生很大的启动转矩,同时 PTC 元件的温度上升至 100~140 ℃,其阻值急剧上升断开启动绕组。热敏电阻的这一特性作为无触点启动继电器广泛用于小型空调器压缩机中。

故障特征:烧坏,常温下不导通。

(4)认识和检测过载保护器

1)碟形热保护继电器(见图 2.3.24)

图 2.3.23　PTC 启动继电器

图 2.3.24　热保护继电器

这种碟形热保护继电器既可起到过流保护作用,又可起到过热保护作用。碟形热保护继电器安装在压缩机外部紧贴在机壳上,与电机串联连接,并固定在接线盒内,当电路中的电流过大或压缩机过热时,碟形双金属片受热膨胀,动、静触点分断,断开电源,起到保护压缩机的目的。

故障特征:双金属片不能复位、线圈烧坏、接点粘连等。

2)过压保护器

作用:当电源电压过高时切断空调器电源,对空调器及其控制电路进行保护。它利用压敏电阻随电压升高而阻值下降的特点制成的(见图 2.3.25)。

工作原理:压敏电阻与熔断器串联连接在电源两端,当电源电压过高时,压敏电阻阻值急剧减小,相当于短路,瞬间熔断器熔断,压敏电阻也会破裂开路,从而切断空调器电源,使空调器得到保护。需要说明的是,保护后不能自动恢复,只有更换熔断器和压敏电阻才能修复。

图 2.3.25　压敏电阻

(5)电容器(见图 2.3.26 和图 2.3.27)

压缩机的启动电容可以提高压缩机电机的启动转矩,运行电容可以提高压缩机电机的功率因数,降低运转电流。

风扇电机的启动电容和运转电容的作用是一样的,这里不再赘述。

故障特征:电机不运转,伴有"嗡嗡"的响声。

检测质量:是否短路和失效。

图 2.3.26　压缩机启动和运转电容

图 2.3.27　风扇电机启动和运转电容

（6）微处理器（见图 2.3.28）

随着计算机技术的广泛应用，空调器的自动化程度也大大提高。目前分体式空调器普遍采用微处理器红外线无线遥控来控制空调器的工作状态。它可控制空调器进行冷暖切换、风量调节、温度调节、抽湿、定时运行及进入睡眠状态等操作，使用十分方便。

组成：中央微处理器（CPU 或单片机）、接口电路、执行器件、传感器、电源等部分组成。

故障特征：程序混乱，面板显示不正常等。

图 2.3.28　微处理器控制器

（7）认识和检测送风系统元件

1）风扇

空调器中的风扇主要有轴流风扇（见图 2.3.29）、离心风扇（见图 2.3.30）和贯流风扇（见图 2.3.31）3 种。

图 2.3.29　轴流风扇

图 2.3.30　离心风扇

轴流风扇的作用是冷却冷凝器，一般装在室外侧，可将冷凝器中散发的热量强制吹向室外。

离心风扇通常装在窗式空高器内侧和分体立柜式空调器室内机中。其作用是将室内的空气吸入，经蒸发器冷却，再由离心风扇叶轮压缩后，提高压力并沿风道送向室内。它主要由叶片、叶轮、轮圈和轴承等组成。离心风扇旋转时，在叶片的作用下产生离心力,中心形成负压区,使气流沿轴向吸入风扇内,然后沿径向朝四周扩散。为使气流定向排出,在离心风扇的外面还装有一个塑料涡壳,在其引导下气流沿风舌的方向流出。离心风扇结构紧凑,尺寸小,风量大,噪声小,而且随着转速的下降,噪声显著下降。叶轮材料主要用 ABS 塑料、铝合金或镀锌薄钢板。

贯流风扇通常用在分体式壁挂空调器室内机组中。它由叶轮、叶片和轴承等组成,为了调节气流方向,通常将贯流风扇固定在两端封闭的涡壳中,如图 2.3.31 所示。这种风扇的轴向尺寸很宽,风扇叶轮直径很小,呈细长滚筒状,可以使室内挂机做得很薄。

图 2.3.31　贯流风扇

图 2.3.32　轴流风扇电机

2)风扇电机

主要有轴流风扇电机(见图 2.3.32)和贯流风扇电机(见图 2.3.33)两种。

①轴流风扇电机

作用:带动轴流风扇转动。

外形特征:外壳、轴、轴承、接电源线,有不同颜色的电源线 4 根,分别是公共端,高速、中速、低速接线端。

故障特征:断线,短路,漏电,转动不灵活,轴承是否磨损或损坏。

质量检测:用万用表测量是否断线、短路,叶片转动是否灵活,有无明显的阻滞感。

②贯流风扇电机

图 2.3.33　贯流风扇电机

作用:带动贯流风扇。

外形特征:由红、白、蓝 3 种颜色的电源线,轴,轴承,转子,定子组成。

故障特征:断线,短路,漏电,转动不灵活。

质量检测:用万用表 R × 10 Ω 挡测量是否断线、短路;拨动风扇观察转动是否灵活。

做一做

学习完空调器常用元件的检测步骤接下来请大家实践一下。

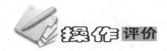
操作评价

学习完空调器常用元件的检测步骤按下来请大家实践一下

认识和检测空调器常用器件,学会了多少,请根据表2.3.1中的要求进行评价。

表2.3.1 认识和检测空调器常用器件评价表

序号	项 目	配 分	评价内容		得 分
1	旋转式压缩机	40	1. 识别旋转式压缩机排气管、吸气管、气液分离器、电源接线端子、压缩机机体	15分	
			2. 辨别旋转式压缩机电源接线端子	15分	
			3. 检测压缩机的绝缘电阻	10分	
2	热交换器	10	1. 识别热交换器	5分	
			2. 热交换器有无泄漏点和油污	5分	
3	节流元件	25	1. 识别毛细管	5分	
			2. 识别管是否变形断裂	5分	
			3. 识别热力膨胀阀及外形特征	5分	
			4. 识别电子膨胀阀及外形特征	5分	
			5. 识别分液器	5分	
4	气液分离器	5	识别气液分离器	5分	
5	干燥过滤器	5	识别干燥过滤器	5分	
6	闸阀元件	20	1. 识别单向阀	5分	
			2. 识别电磁四通换向阀	5分	
			3. 识别双向电磁阀	5分	
			4. 识别截止阀	5分	
7	电气控制元件	70	1. 识别机械式温度控制器	5分	
			2. 识别电子式温控器	5分	
			3. 识别压力控制器	5分	
			4. 识别PTC启动继电器	10分	
			5. 检测PTC启动继电器的质量是否烧坏,常温下是否导通	10分	
			6. 识别碟形热保护继电器	5分	
			7. 检测碟形热保护继电器双金属片是否能复位,线圈是否烧坏,接点是否粘连	10分	
			8. 识别压敏电阻	5分	
			9. 识别压缩机启动电容并会检测其质量	5分	
			10. 识别风扇启动电容并会检测其质量	5分	
			11. 识别微处理器	5分	

续表

序 号	项 目	配 分	评价内容		得 分
8	送风系统元件	25	1. 识别轴流风扇	5分	
			2. 识别贯流风扇	5分	
			3. 识别离心风扇	5分	
			4. 识别轴流风扇电机	5分	
			5. 识别贯流风扇电机	5分	
安全文明操作	违反安全文明操作(视其情况进行扣分)				
额定时间	每超过5 min 扣5分				
开始时间		结束时间		实际时间	成 绩
综合评议意见					
评议人			日 期		

知识探究

空调器制冷系统特殊元件介绍

1. 热力膨胀阀

(1)热力膨胀阀的作用

热力膨胀阀安装蒸发器的进口上,其感温探头,紧贴于蒸发器的出口路上,由于感温探头是根据热传递的温度变化而改变其压力的。它可以通过检测蒸发器出口处气态制冷剂的热度,从而实现自动的调节流入蒸发器液态制冷剂的流量。

(2)热力膨胀阀的结构

热力膨胀阀主要由感温机构、执行机构和调节机构3大部分组成(见图2.3.34)。

(3)热力膨胀阀的故障特征

其故障特征是空调器制冷热效果变差,主要是由于热力膨胀堵塞和感温失灵。

2. 电子膨胀阀

(1)电子膨胀阀的作用

电子膨胀阀是由微型计算机控制,通过温度传感器检测出蒸发器内制冷剂的状态,用来控制膨胀阀的开度,直接改变蒸发器中制冷剂的流量,电子膨胀阀流量控制范围大,动作迅速,调节精细,可以使制冷剂在往返两个方向流动,尤其在变频式空调式空调器的不间断供热,快速除霜,控制压缩机的排气温度中,在压缩机起、停控制中减少起、停过程的能量损失等方面,更体现了机电一体化的发展需求。

(2)电子膨胀阀的结构

图2.3.34 热力膨胀阀

图2.3.35 电子膨胀阀

它主要由动力及传动机构和流量调节机构组成(见图2.3.35)。

电子膨胀阀按驱动形式划分有电磁式和电动式两类。电磁式是利用电磁线圈产生的电磁力控制阀塞移动,从而调节膨胀阀的流量,该阀结构简单,动作响应快,但工作对需要一直为它提供控制电压。电动式膨胀阀采用电机驱动,由电动机直接带动阀塞的直动型。电动机通过齿轮减速带动阀塞为减速型。

(3)电子膨胀阀的故障特征

电子膨胀阀损坏会使制冷系统的供液量失控,造成制冷(热)效果变差,必须更换同型号的电子膨胀阀,才能保证家用空调器的制冷(制热)性能。

3.气液分离器

(1)气液分离器的作用

气液分离器又称储液器,是设置于制冷系统吸入流程上的保护压缩机的装置,它能对进入压缩机的回气进行气液分离,防止返回压缩机的低压、低温蒸汽携带过多的液滴,避免液体制冷剂进入压缩机而引起"液击"故障。

(2)气液分离器的结构

气液分离器主要由储液筒、吸气管入口、气体出口(压缩机的吸气口)、液态制冷剂出口等部分组成(见图2.3.36)。

图2.3.36 气液分离器

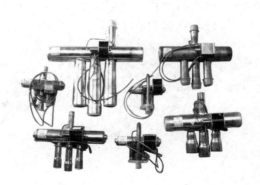

图2.3.37 电磁四通换向阀

4.闸阀元件

（1）电磁四通换向阀

1）电磁四通换向阀的作用

改变制冷剂的流向，实现制热与制冷的转换。它是热泵式冷热两用空调器的重要换向器件。

2）电磁四通换向阀的结构

电磁四能换向阀主要由阀体、阀芯、衔铁、弹簧及电磁线圈等组成（见图2.3.37）。阀体内包含活塞和滑块，电磁线圈是用螺钉固定的，可以单独拆卸下来。阀体与阀芯用3根毛细管相连（改进后的新四通电磁换向阀为四根毛细管）。

3）电磁四通换向阀的故障特征

制冷制热不能转换，通常就是四通电换向阀损坏而造成的。

（2）双向电磁阀（见图2.3.38）

使用双向电磁阀将简化制冷系统流路且省掉系统中的单向阀和电磁阀的数量，一方面使系统管路设计更合理，另一方面可使机组的成本大大地降低。

双向电磁阀采用了全塑封电磁线圈和 DIN 国际标准电气接插装置，使其具有优良的绝缘、防水、防湿、抗振及耐腐蚀性能。

图2.3.38　双向电磁阀

电磁阀通电时，电磁力将先导孔打开，上腔室压力迅速下降，在膜片周围形成上低下高的压差，推动膜片向上移动，阀门打开，电磁阀双向流通；断电时，弹簧力把先导孔关闭，当进口压力大于出口压力，阀门双向关闭，当进口压力小于出口压力时，电磁阀逆向可流通。

（3）单向阀（见图2.3.39）

单向阀是空调冷暖机采用的，需和四通阀配合使用，一般装在分体机外机上。单向阀其实就像一根水管，中间装了一个单向导通的阀门。单向阀两端都有两个接口，一根较短的制热毛细管和单向阀并联，这样两端各有一个接口被占用。单向阀剩下的接口一端接较长的制冷毛细管，一端接室内机。

图2.3.39　单向阀　　　　　　　图2.3.40　截止阀

在正常制冷情况下,室内机是制冷,室外机是制热,制冷剂由室外机流入制冷毛细管,再流入单向阀,再流入室内机,这时单向阀是导通的,制热毛细管的流量可以忽略,不起作用。

在制热情况下,工况是逆向的,室内机是制热,室外机是制冷,这时四通阀进行换向,制冷剂由室内机流入单向阀,由于单向阀单向截止,制冷剂只能流入和单向阀并联的制热毛细管,再流入制冷毛细管,再流入室外机。由于室内机和室外机上面的热交换器表面积不同,在交换角色时需要的毛细管长度不同,单向阀就是改变毛细管的长度。

(4)截止阀(见图2.3.40)

截止阀是指关闭件(阀瓣)沿阀座中心线移动的阀门。截止阀的作用是打开和切断管路。通常用作修理阀。

▌ 思考与练习

1. 电磁四通阀是怎样完成制冷、制热转换的?
2. 你能绘制出空调器制冷系统原理图吗?

一、填空题

1. 旋转式压缩机在外形上可以分为_____、_____、_____、_____、_____5 部分。
2. 压缩机电机上有_____和_____两组电机绕组。
3. 空调器上的热交换器有_____和_____两种。
4. 毛细管的典型故障有_____、_____、_____、_____4 种。
5. 热力膨胀阀的作用是_____。
6. 电子膨胀阀按驱动形式划分有_____和_____两类。
7. 空调器中有_____和_____两种启动电容。空调器中有_____、_____和_____3 种风扇。

二、简答题

1. 空调器单向阀的作用是什么?
2. 空调器中的电磁四通换向阀的作用是什么?
3. 碟形热保护继电器的工作原理是怎样的?

任务 4　拆装空调器

一、任务描述

当空调器出现故障我们在排除时,为了检测和更换发生故障的元器件,需要用正确的方法去拆装空调器,以避免出现损坏空调器组件、扩大故障的现象。因此,本任务主要学习空调器的拆装。现在为你准备了一台空调器和拆装工具,其作业流程见图2.4.1所示。

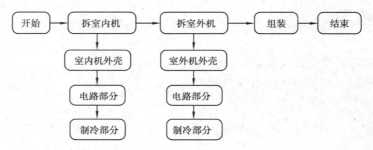

图 2.4.1　作业流程图

二、知识能力目标

能力目标:1.学会拆装室内机。
　　　　　2.学会拆装室外机。
知识目标:1.了解空调器的基本结构。
　　　　　2.了解拆装的基本程序。
　　　　　3.理解空调制冷制热的基本工作原理(窗机、柜机、挂机)。
　　　　　4.理解空调器电气控制原理。

三、作业流程

1.空调器室内机的拆卸

(1)空调器室内机外壳的拆卸

如图 2.4.2 所示为美的 1P 分体式空调器室内机

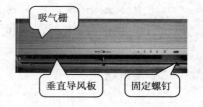

图 2.4.2　空调器内机外形结构图

外形结构。空调器室内机外壳由吸气栅、垂直导风板、固定螺钉等组成。其拆卸方法如下：

步骤1：先将位于空调器前部的吸气栅掀起。在吸气栅的两侧分别有两个按扣，用手稍按按扣即可使按扣与卡子脱离，如图2.4.3所示。

步骤2：将位于空调器前部的吸气栅掀起，如图2.4.4所示。

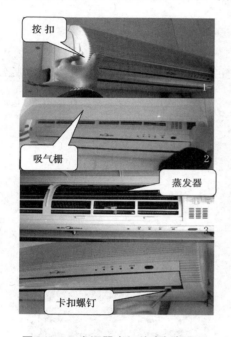

图2.4.3　空调器内机外壳拆卸图组

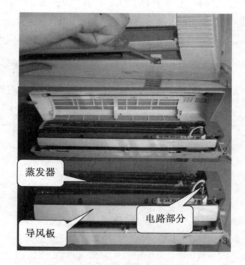

图2.4.4　取下前盖板图组图

步骤3：抽出位于吸气栅和蒸发器之间的空气过滤网和清洁滤尘网。

步骤4：将垂直导风板稍掀起，露出3个卡扣，再用螺丝刀将卡扣撬起，露出里面的三颗固定螺钉。

步骤5：卸下3颗固定螺钉。

步骤6：将前盖板轻轻上翻，将其取下。

如图2.4.4所示为卸下外壳后的空调器室内机的结构图。从图可知，它由蒸发器、导风板及电路等主要部件组成。

（2）室内机电路及制冷部分的拆卸

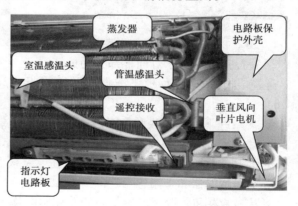

图2.4.5　室内机内部构造

室内机的电路主要由遥控接收与指示灯电路板、室温管温头、保护外壳下的电源电路板、垂直风向叶片电机等组成;制冷器件有蒸发器、风向叶片组件等(见图2.4.5)。

1)电源和控制电路板的拆卸

电源和控制电路板作为空调器的重要组成部分,其拆卸过程如下(见图2.4.6、图2.4.7):

步骤1:卸下电源和控制电路板保护外壳的固定螺钉。卸下保护外壳后的电路板图。

步骤2:将电路板固定模块与内机外壳的卡子脱离并取出。

步骤3:卸下电源变压器固定螺钉,取出电源和控制电路板以及变压器。

步骤4:卸下接线端子板连接线,取下外机控制连接线以及风扇电机电源线和控制线在电路板的接头,以便取出电路板。

步骤5:取出电路板。取掉电源线、风机线、外机控制线后的电路板。

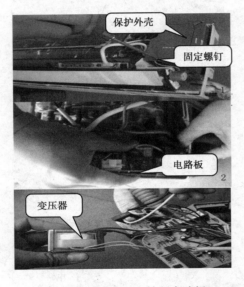

图2.4.6　取电源和控制电路板　　　　图2.4.7　取电源线、风机线、外机控制线

2)遥控接收和指示灯面板部分的拆卸

遥控接收和指示灯面板部分对空调器工作状态起着指示作用,其拆卸过程如下(见图2.4.8):

步骤1:卸下遥控接收和指示灯面板部分固定螺钉。

步骤2:向左移动遥控接收和指示灯面板,将卡子与卡扣脱离。

步骤3:拔出遥控接收和指示灯面板在电路板上的接头。

3)室温感温器和管温感温器的拆卸

室温感温器和管温感温器是空调器控制电路工作的基础和前提,其拆卸过程如下(见图2.4.9):

步骤1:将室温感温头的探头从卡槽上取下。

步骤2:将室温感温头在电路板上的插头拔出。

步骤3:在一字螺丝刀的帮助下将管温感温头取出。

步骤4:拔出室温感温头在电路板上的插头。

4)风向叶片电机及组件的拆卸

风向叶片组件安装在支架上。它主要由垂直风向叶片、水平风向叶片和驱动电机组成。垂直风向叶片的驱动电机,当空调器室内机工作时,该电机旋转,即可带动垂直风向叶片上下翻转,从而实现垂直风向的调节。如图2.4.10所示,风向叶片组件的拆卸方法如下:

步骤1:卸下垂直风向叶片驱动电机的固定螺钉。

步骤2:拔下垂直风向叶片驱动电机在电路板上的插头。

步骤3:脱离风向叶片组件与机壳的卡扣。

步骤4:轻轻向上抬起取出风向叶片组件。

图2.4.8　取指示灯面板、连接线接头

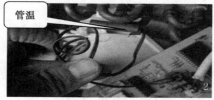

图2.4.9　取室温感温头、管温感温头

图2.4.10　取驱动电机、插头

5)蒸发器的拆卸

蒸发器是空调器室内机的管路部件。它通过连接管路与室外机相连,是制冷部分的重要组成部件。如图2.4.11所示,其拆卸方法如下:

步骤1:卸下蒸发器紧靠风扇电机的3颗固定螺钉。

步骤2:卸下蒸发器另一侧的固定螺钉。

步骤3:抬起蒸发器,将其从送风风扇组件上取下。

注意:蒸发器的连接管路已经被弯制成形,分离蒸发器时一定要注意到管路的弯制形状,以免造成管路弯折。

图2.4.11　取蒸发器　　　　　图2.4.12　拆卸送风风扇组件

6)送风风扇电机及组件的拆卸

送风风扇组件主要是由送风风扇和驱动电机两部分构成。如图2.4.12所示,其拆卸方法如下:

步骤1:卸下固定螺钉。

步骤2:松开卡扣。

步骤3:取下保护外壳。

步骤4:卸下风扇电机与送风风扇主轴处螺钉。

步骤5:取出送风风扇组件。可将风扇电机单独取出。

2. 空调器室外机的拆卸

空调器外机外形结构如图2.4.13、图2.4.14所示。

图2.4.13　室外机正面图　　　　图2.4.14　室外机侧面图

(1)空调器室外机外壳的拆卸

将空调器外壳上的螺钉依次卸下,如图2.4.15所示。

图2.4.15　拆卸外机固定螺钉

(2)空调器室外机电路部分的拆卸

空调器室外机电路部分比较简单,主要由接线盒、压缩机启动电容和风机启动电容等部分组成。

图2.4.16　压机启动电容、风机启动电容、电磁阀线圈及端子板

1)压缩机启动电容的拆卸(见图2.4.16、图2.4.17)

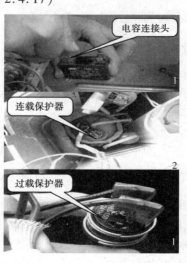

图2.4.17　取压缩机电容　　　**图2.4.18　取风机电容、过载保护**

步骤1：卸下固定螺钉。

步骤2：取下压缩机启动电容半环形卡子。

步骤3：取下压缩机启动电容引线插头。

2）风扇电机启动电容的拆卸（见图2.4.18）

步骤1：取风机启动电容。首先取下固定螺钉，再拔掉电容的连接线，最后取下风机启动电容。

步骤2：过载保护器的拆卸。首先取下端子板上的固定螺钉，再取下保护帽，拔掉连接线，取下过载保护器。

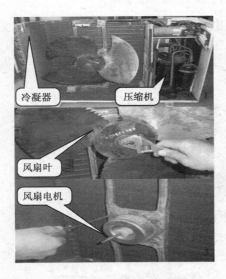

图2.4.19　卸下轴流风扇组件

图2.4.20　卸压缩机组件

3）制冷部件的拆卸

空调器室外机的制冷部件主要包括压缩机组件、轴流风扇组件和制冷管路部分。其拆卸步骤如下：

①空调外机轴流风扇组件的拆卸（见图2.4.19）

步骤1：卸下轴流风扇固定螺钉，取下风扇叶。

注意：这里的螺钉为反丝，拆卸方向为顺时针。

步骤2：卸下风扇电机固定螺钉，取下电机。

②压缩机组件及管路的拆卸（见图2.4.20）

步骤1：用氧焊枪焊下四通阀接头，取下四通阀。

步骤2：用氧焊枪焊下压缩机管路接头，取出固定螺钉，取出压缩机。

你学会了空调器的拆装,去实践操作一次,检测一下你的技术水平。看看你的能力吧!

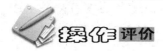

空调器的拆装,学会了多少,请根据表2.4.1中的要求进行评价。

表2.4.1　空调器的拆装评价表

序　号	项　目	配　分	评价内容		得　分
1	室内机外壳	15	1.会拆卸室内机外壳	10分	
			2.会组装室内机外壳	5分	
2	室内机电路部分	30	1.会拆卸室内机电路部分	25分	
			2.会组装室内机电路部分	5分	
3	室内机制冷组件	15	1.会拆卸室内机制冷组件	10分	
			2.会组装室内机制冷组件	5分	
4	室外机外壳	10	1.会拆卸室外机外壳	5分	
			2.会组装室外机外壳	5分	
5	室外机电路部分	15	1.全拆卸室外机电路部分	10分	
			2.会组装室外机电路部分	5分	
6	室外机制冷组件	15	1.会拆卸室外机制冷组件	10分	
			2.会组装室外机制冷组件	5分	
安全文明操作		违反安全文明操作(视其情况进行扣分)			
额定时间		每超过5 min扣5分			
开始时间		结束时间	实际时间		成　绩
综合评议意见					
评议人			日　期		

 知识探究

1. 单冷型窗式空调器工作原理

(1) 制冷系统

压缩机吸入来自蒸发器的低温低压的 R22 过热蒸汽,压缩成高温高压过热蒸汽,送入冷凝器中,蒸汽向室外侧空气放出冷凝热,变成高压过冷液,经毛细管节流降压后进入蒸发器,吸收室内侧空气的热量后变成饱和蒸汽,经回气管过热,被压缩机吸入。然后,如此循环往复。

(2) 风路系统

室内侧空气在离心风扇作用下,水平进入空调器,经空气过滤网滤尘后,与蒸发器中的制冷剂进行热交换,失去部分热量和水分,然后由离心风扇从一侧送回室内。经过反复循环,以达到给室内空气降温去湿、除尘和改变气流速度的目的。

室外侧空气在轴流风扇作用下,从空调器左右两侧百叶窗进入空调器,与冷凝器中的制冷剂进行热交换,吸收制冷剂的冷凝热后以水平方向排出空调器,达到给制冷剂散热的目的。

2. 分体式空调器工作原理

(1) 单冷分体式空调器工作原理

其工作过程为:从室外机组进入室内机组的液态制冷剂进入室内换热器(蒸发器),与房间内空气进行热交换。液态制冷剂由于吸收房间内空气中的热量由液体变成气体,其温度和压力均未变化,而房间内的空气由于热量被带走,温度下降,冷气从出风口吹出。

液态制冷剂 R22 在室内被汽化后,进入室外侧压缩机中,由压缩机压缩成高温高压的气体,然后排入室外散热器(冷凝器)中,高温高压的气态制冷剂在冷凝器中与室外空气进行热交换,被冷却成中温高压的液体,而室外空气吸收热量温度升高后被排到外界环境中。

由冷凝器出来的中温高压液体必须经过节流装置减压降温,使其温度和压力均下降到原来的低温低压状态。一般情况下,分体壁挂式空调器采用毛细管节流。

在制冷过程中,蒸发器表面的温度通常低于被冷却的室内空气露点温度,凝结水不断从蒸发器表面流出。因此,分体内空气露点温度,凝结水不断从蒸发器表面流出,故分体壁挂式空调器需要有凝结水排出管。

(2) 热泵型分体式空调器工作原理

其循环原理与单冷型相同,只是在系统中增加了一个电磁换向阀,用来转换制冷剂的流向。制冷时,从压缩机出来的高温高压气体排向室外侧换热器,冷凝后经毛细管节流将低温低压的 R22 液体排向室内侧,吸收室内热量;制热时,从压缩机出来的高温高压气体排向室内侧换热器,使室内温度升高,而 R22 在室内被冷凝成液体,经节流后排到室外换热器,通过吸收室外环境的热量将液体蒸发成气体,再进入压缩机进行下一次循环。

思考与练习

观察一下空调器的铭牌,它的制冷量功率与耗电额定功率相不相符?为什么?

1. 空调器的室内机电路部分主要由哪些构成?
2. 空调器的室内机制冷组件主要由哪些构成?
3. 空调器的室外机电路部分主要由哪些构成?
4. 空调器的室外机制冷组件主要由哪些构成?
5. 空调器的电气控制部分的主要作用是什么?
6. 空调器的制冷部分的主要作用是什么?

任务5 空调器故障的判断

一、任务描述

空调器在使用一段时间后会出现各式各样的故障,故障部位在哪里?今天我们就要去学习空调器故障的判断方法。空调器的故障一般可分为真故障和假故障。但两种故障的判断方法和分析,均可用"一看、二摸、三听、四测"的方法进行判定。

制冷制热实训中心,现场准备装配完好的空调器数台。工具除常用的内六角扳手、试电笔,螺丝刀等,还备有万用表、钳形电流表、高低压检测表各一只,连接三通或五通阀,连接管道等。其作业流程见图2.5.1所示。

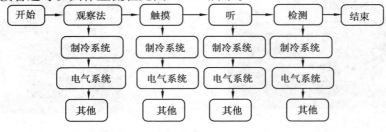

图2.5.1 作业流程

二、知识能力目标

能力目标：1. 学会判断空调器故障的大致位置。

2. 学会区分空调器真故障和假故障。

3. 学会区分空调器电器部分故障和制冷循环系统故障。

知识目标：1. 了解空调器故障形成的原因。

2. 掌握空调器故障判断的方法。

三、作业流程

1. 观察法（看）

（1）制冷系统（见图 2.5.2）

观察制冷系统管路有无变形、断裂。管道接头及管路有无油渍出现，看扎带和配管有无损伤。如有，可能引起制冷剂泄漏，管道堵塞。

（2）电气控制系统（见图 2.5.2）

观察电路中各部件和电源线有无损坏，松脱等。再结合维修工艺表进行运行检测，观察压力表读数，并做出相应判断。常温正常情况下，空调低压表读数应为 0.49 ~ 0.50 MPa，高压压力表读数应为 1.8 ~ 2.1 MPa。空调外机液管及接头处有无结霜情况；加挂钳形电流表等，检测运行电流是否符合额定值；外观有无损伤；室内机是否有漏水情况，等等。

2. 触摸法（摸）

利用触摸方法可以初步判断空调器的故障（见图 2.5.3）。

图 2.5.2　制冷、电气系统

图 2.5.3　触摸空调器

1）摸：空调器蒸发器进出风口的温度，在空调器正常工作时，蒸发器的出风口应该有冷空气吹出，进风口和出风口的温差应为 8～13 ℃。内机应凉手，外机有热风吹出。否则有故障。

2）摸：空调器压缩机进气管的温度，在空调器正常工作时，压缩机的回气管应该凉，大约是 15 ℃。否则有故障。

3）摸：空调器压缩机排气管的温度，在空调器正常工作时，压缩机排气管应该明显很热、烫手，其温度为 50～70 ℃。否则有故障。

4）摸：空调器压缩机表面的温度，在空调器正常工作时，往复式压缩机机壳的温度大约50 ℃，旋转式压缩机机壳的温度大约 90 ℃。压缩机运转是否平稳，否则有故障。

3.倾听（听）

通过螺丝刀（参见电冰箱故障判断）去倾听也能判断故障（见图 2.5.4）。

1）听：空调器正常工作时，压缩机和风扇都会有正常的声响，停机时应该能听到"呲"的越来越小的气流声，气流声应低沉。

2）听：空调器正常工作时，四通阀在通电后，应能听到"嗒"的一声，也会有"呲"的一声气流声，这说明四通阀动作正常。

风扇电机有无异常声响，室内风摆工作时有无异常声响，有无共振声、外机工作噪声。

图 2.5.4 听空调器

图 2.5.5 测空调

4.仪表检测（测）

1）运用万用表或钳形电流表对部件进行检测（见图 2.5.5）。例如，工作电压、绝缘电阻、运转电流可用万用表检测各部件阻值。它主要是过载保护器、运转电容、风扇电机和电容、四通阀线圈、压缩机阻值等，通过检测，确定零部件是否有损坏。用卤素检漏灯或肥皂水等检查管道有无泄漏，确定泄漏点等。

2）在气阀上加挂真空压力维修表，观察读数，可判断空调管道系统工作是否正常，制冷剂有无泄漏，系统有无堵塞，压缩机排气量是否正常，等等。

以上4种常见的通俗易懂的检测方法要真正弄懂并掌握。

在空调器维修过程中，要用这4种方法（重点在测）综合分析，得出结论，对故障做出准确的判断，为下一步维修打好基础。

用"看、摸、听、测"判断一下自己家中的空调器是否有故障？

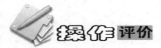

空调器故障的判断，学会了多少，请根据表2.5.1中的要求进行评价。

表2.5.1　空调器故障的判断评价表

序号	项目	配分	评价内容		得分
1	看	25	1.会判断制冷系统、管道接头有无泄漏点和变形变堵，制冷剂有无泄漏	12分	
			2.会判断压缩机、室内风机、室外风机、风摆等工作是否正常	13分	
2	摸	25	1.会判断管道系统工作是否正常	12分	
			2.会判断压缩机、电风扇、电动机工作是否正常	13分	
3	听	25	1.会判断管道中有无制冷剂流动、有无堵漏	12分	
			2.会判断电动机运转有无异常，室内、外机有无异常，找出故障点	13分	
4	测	25	1.会检测制冷系统低压的工作压力，压缩机排气管有无堵塞	12分	
			2.会检测整机电流，对各部件进行检测	13分	
安全文明操作			违反安全文明操作（视其情况进行扣分）		
额定时间			每超过5 min扣5分		
开始时间		结束时间		实际时间	成绩
综合评议意见					
评议人				日期	

1.空调内机、外机连接管路及遥控器出现故障的特征

1）内机特征：无冷风吹出或不吹风、风摆失灵电源无显示、异响，是否工作时滴水（见图2.5.6）。

2）外机特征：压缩机不工作，四通阀故障，传感器损坏，风机不转（见图2.5.7、图2.5.8）。

3）连接配管及电源线：扎带及保温管存在损伤变形，线路及管路折断等。

图2.5.6 空调器滴水

4）遥控器：无信号发出或部分功能丧失。

图2.5.7 风机不转

图2.5.8 四通阀不工作

2.判断空调器故障

分析空调器故障应本着管路判断和电路判断分开，由简到繁，由浅入深，按系统分段等进行检测、判断。

（1）会判断室内机故障（见图2.5.9）

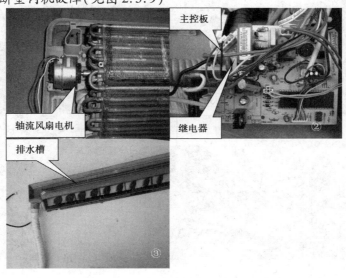

图2.5.9 判断室内机故障

电路部分一般有风机不运转(有风机或电路等原因)。

扫风机不转,电路板故障,继电器电路故障,电加热器故障等。管道部分检查有无接头泄漏,管道破损排水槽是否堵塞,等等。

(2)会判断室外机故障(见图2.5.10、图2.5.11)

电源是否正常,风机是否运转,传感器是否损坏和线路有无开路。

图2.5.10　判断室外机电源、风机、传感器及线路故障

图2.5.11　判断启动电容

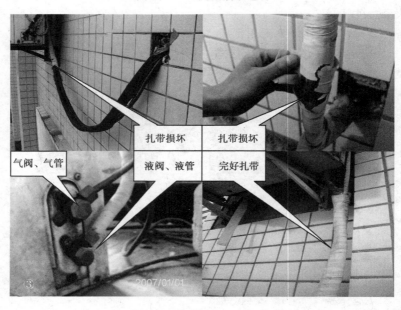

图2.5.12　判断管道与接头

电动机的运转电容是否失效,压缩机有无损坏(注意判断是否是线圈损坏和机械故障),化霜电加热器是否损坏。管道部分重点查四通阀及各部件有无损坏变形,接头处有无泄漏。

(3)学会判断连接室内外机的管道与接头的故障(见图2.5.12)

管道和各种接头以及各电源线有无故障,保温管和扎带有无明显的损伤,两端喇叭口及带阀管座有无损坏,排水管是否完好,等等。

3.学会判断遥控器故障

遥控器外观有无损伤,电池好坏,按键是否失灵、损坏,最关键的是用仪器(如收音机或遥控器专用检测器)判断遥控器是否有信号发出。遥控器易损坏部件是晶振,应注意识别。

思考与练习

1.空调器工作不正常,有一些是由假故障引起,应如何进行判断?

2.空调器冬季制热运行时会出现室内机流水故障吗?为什么?

3.简析分体式空调器最常见的故障。

4.请你分析空调器外机风机不转会出现什么现象?

一、填空题

1.连接室内、室外机的配管有_____根,即_____。

2.判断空调器故障的基本方法有_____、_____、_____、_____,重点在_____。

3.空调器正常运行时,钳形电流表的读数应符合_____。

4.空调器故障一般分为_____和_____。

5.空调器制热正常工作时,高压排气管应_____。

二、判断题

1.空调器制冷差,就一定是空调制冷系统有故障。　　　　　　　(　)

2.空调器制冷运行时,排风口无冷气吹出,一定是制冷剂泄漏了。　(　)

3.空调器不能制热运行,可能是四通阀坏了。　　　　　　　　　(　)

4.空调器制冷运行时,液管严重结霜,可判断为制冷剂偏少或系统有泄漏。(　)

5.空调器是通过改变压缩机上的排气管的排气方向来实现制冷制热的转换的。

　　　　　　　　　　　　　　　　　　　　　　　　　　　　(　)

任务 6　检修空调器制冷系统故障

一、任务描述

一般空调器用到一定的时间会出现故障,制冷系统是故障的高发区域。如果查找出空调器制冷系统有故障,如何去检修? 在电冰箱制冷系统的维修中,我们已经学会了排除制冷系统故障的基本方法。本任务是学习空调器制冷系统故障的检修,主要是解决不制冷、不制热、制冷效果差和漏水的故障。现场准备有不同典型故障的空调器数台。除常用工具外,还应准备气焊工具一套,钳形电流表、制冷剂钢瓶,三通维修阀和五通维修阀数只,连接管等。其作业流程如图 2.6.1 所示。

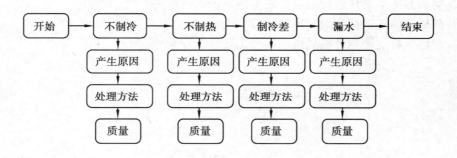

图 2.6.1　作业流程

二、知识能力目标

能力目标:1. 会维修空调器不制冷、不制热。
　　　　　2. 会处理空调器制冷效果差和漏水故障。
知识目标:1. 理解空调器不制冷制热、制冷效果差和漏水产生的原因。
　　　　　2. 掌握空调器维修的质量标准。

三、作业流程

1.空调器的故障检测

(1)观察法

如图 2.6.2 所示,用观察法对空调运行情况进行检测,也是在维修过程中判断故障是否排除的方法。

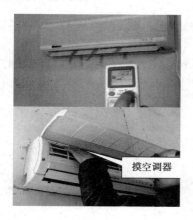

图 2.6.2　查看空调器运行

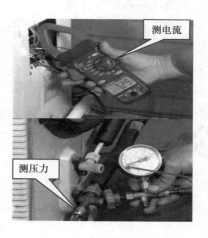

图 2.6.3　仪器检测空调器

空调维修好后,应通电试运行,运行 5 min 以后,液管和液阀应出现结露现象,但不结霜,再运行 10 min 后,气管和气阀出现结露现象表明工作正常。若启动空调运行后先是液管、液阀结霜,15 min 后气管气阀也结霜,排除滤网堵塞后。再加挂钳形电流表检测,如电流明显偏大,则为制冷剂加注过量。若空调器运行 15 min 后,仅发现液管、液阀结霜教厚。加装钳形电流表检测,电流明显偏小,应为制冷剂

图 2.6.4　空调器收氟

偏少,或有漏点未除。

（2）测试法

如图 2.6.3 所示,用仪器仪表来进行检测。

好的空调器,电流表读数也应符合额定值。加挂工艺维修表进行检测,制冷运行时气管压力应在 0.49 MPa 左右,制热运行时气管压力应在 1.8 MPa 左右,稍有偏差为正常,太大说明空调工作不正常,不能算维修合格。

2.空调维修中的收氟操作

分体式空调器因移机或维修需要须进行收氟（见图2.6.4）,其操作方法如下:

空调器制冷运行正常后,内六角扳手先关闭外机上的液阀。

3 min 后用内六角扳手关闭空调回气阀。这样空调器中的制冷剂就收存在室外机中,即可用活络扳手对配管的装拆和移机。

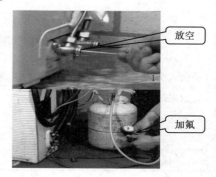

图 2.6.5　空调器加注制冷剂

3. 空调压缩机加制冷剂

空调器维修好后或移机完成后,要进行放氟和排空处理,最后视其工况进行补氟(见图2.6.5),其具体方法如下:

连接好液管,需接气管,打开液管,利用制冷剂对系统进行排空,直到虚接的气管处排气变凉,再拧紧气管,并进行检漏,加挂三通维修阀,开机运行检查气管压力,观察是否需要进行补氟。

想一想

在寒冷的冬季,有一台热泵型分体式空调要进行移机,试问你将采取什么措施,才能进行空调收氟的操作?

做一做

你学会了空调器的故障检修,就去实践操作一次,检测一下你的技术水平。看看你的能力吧!

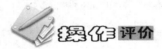
操作 评价

空调器的故障检修,学会了多少,请根据表2.6.1中的要求进行评价。

表2.6.1 空调器故障检修

序 号	项 目	配 分	评价内容		得 分
1	制冷系统	100	1. 检修空调不制冷故障	20 分	
			2. 检修空调不制热故障	20 分	
			3. 检修空调制冷差的故障	20 分	
			4. 检修空调漏水故障	20 分	
			5. 对空调进行收氟、加氟、移机等操作	20 分	
安全文明操作		违反安全文明操作(视其情况进行扣分)			
额定时间		每超过 5 min 扣 5 分			
开始时间		结束时间	实际时间	成 绩	
综合评议意见					
评议人			日 期		

1. 空调器故障分析

（1）空调器不制冷，主要是制冷循环系统有故障，但也要注意观察，室内风机是否运转（有无风吹出）。制冷效果差，主要是制冷剂不够或压缩机故障、管道部分堵塞不畅，但也与日常清洁和维护有关。漏水故障，较为简单，一般与制冷系统无关。常见故障为堵和排水管裂缝等。

（2）掌握维修空调器制冷系统的基本方法。首先应了解几种典型的空调制冷循环系统，分单冷型和热泵型。

1）单冷型制冷循环系统（见图2.6.6）

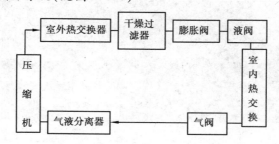

图2.6.6　单冷型制冷循环系统

2）分体式热泵型循环系统（见图2.6.7）

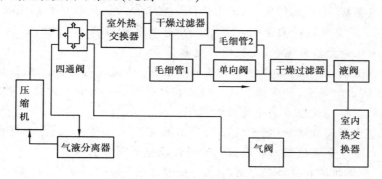

图2.6.7　分体式热泵型循环系统

主要部件的作用：

四通阀：实现室内机制冷制热的转换。它是通过改变制冷剂的流向来实现的（见图2.6.8）。

单向阀：实现制冷剂从毛细管1直接流向干燥过滤器，逆向截止（见图2.6.9）。

毛细管2：在制热运行时，增大室内热交换器的冷凝压力，提高制热的能力。

2. 空调器故障检修分析

（1）不制冷故障的检修

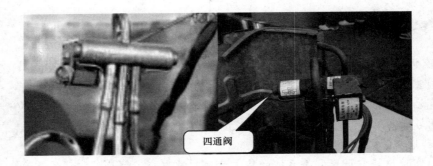

图2.6.8　空调器的四通阀

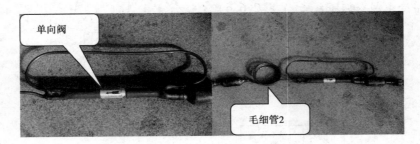

图2.6.9　空调器用单向阀

不制冷故障产生的原因很多,应注意识别:

1)压缩机损坏、高压无排气、低压无吸气。它又分为机械损坏和线圈损坏,前者电流无大的变化,后者电流很大会引起保护。再有就是压缩机无供电,或运行电容失效等。处理的方法是更换压缩机、更换运行电容器等。

2)制冷剂泄漏、管道的接头部位或气阀和液阀、热交换器有漏点或损坏。处理办法是:准确查找出泄漏点,补焊操作或更换已损坏的部件。重新灌注制冷剂。

3)四通阀损坏。处理方法是更换四通阀。

4)管道有变形造成堵塞(特别是配管变形损坏)、毛细管堵塞、系统有水分造成冰堵等。处理办法是更换被损的管道,进行排堵、抽空等项目的操作。

5)室内、外风机不转造成保护性停机。处理办法是修复或更换,或查清电源故障。

以上操作,质量要求为:更换部件注意型号、规格和样式,焊接注意质量,各项操作符合技术要求,避免在维修中出现新的故障,增大维修的难度。

(2)不制热故障的检修

不制热故障分以下两种情况:

1)热泵型空调出现不制热,一般是制冷剂不能实现逆运行,主要是四通阀不通电或损坏造成。处理办法是:接通电源或更换四通阀。

2)电热丝供热类型的空调器,主要检查电热丝(管)有无损坏,有无供电,或保护部件损坏,可用万用表直接进行检测。处理办法是检查供电,更换损坏部件等。

其故障维修应注意以下两点：

①更换四通阀一定要用湿毛巾捂住四通阀，不能让滑管等部位受热变形、毛细管变形堵塞，并且注意焊接时间不能长，大火迅速焊好后就马上进行降温处理。

②更换电热丝(管)部件，注意规格和型号，还要进行绝缘检测后方可通电试机。

（3）制冷差故障的检修

首先应区分是真故障引起，还是"假故障"引起，前边已讲到，这里不再重复。

真故障引起的制冷差，一般由以下4方面原因引起：

①压缩机排气不良，性能差。

②制冷剂部分泄漏或不足。

③管道系统有部分变形或堵塞，影响制冷剂的流量而造成制冷差。

④室内风机转速过低而不正常，有可能是运行电容失效或电动机线圈已损坏。

以上故障处理办法是：通过测电流、测管道压力、检漏等操作，对空调进行仔细检查，确定故障所在部位，有针对性地进行维修。空调易出现泄漏故障，应重点排查。找到漏点后，认真进行补修、保压等操作。堵一般在外机段，应系统地进行"气洗"排污、排空气和水的操作，还要注意观察冷冻油是否变质。

（4）漏水故障的检修

故障一般发生在制冷运行时，室内机出现滴水情况，主要是室内机的排水槽或排水管变形、脱落、异物堵塞、损坏造成。打开室内机外壳即可发现故障所在，并进行相关处理，排水管有破裂的一定要全管更换，其方法是小心拆下靠近室内机段的扎带，取下破损的排水管，更换上新的排水管后，再缠上扎带。

思考与练习

1. 空调器运行但不制冷或制热一般由哪些方面的故障引起？应如何进行检修？
2. 空调器出现制冷效果差的原因有哪些？应如何判别和检修？
3. 绘出热泵型空调器的制冷循环示意图，并说明各个部件的作用是什么？

一、填空题

1. 空调器出现制冷运行时，发现液阀、液管结霜，测电流偏小，应判断为_____或有_____未除。

2. 并联在单向阀上的毛细管的作用是_____。

3. 空调器故障检测的方法有 _____。

4. 空调器中实现制冷、制热转换的部件是 _____。

5. 在分体式空调器中，有 _____ 个热交换器，制热运行时，室内机的热交换器是用作 _____。

二、判断题

1. 空调器制冷差，一定是制冷剂泄漏了。　　　　　　　　　　　　（　　）

2. 气液分离器的作用是确保压缩机吸入的是制冷剂的蒸汽。　　　　（　　）

3. 空调器进行收氟时，是把制冷剂装存在室外机里边。　　　　　　（　　）

4. 空调器出现漏水故障一般是在冬季出现。　　　　　　　　　　　（　　）

5. 空调器在冬季使用时和在夏季使用时的耗电一样多。　　　　　　（　　）

任务 7　检修空调器电气控制系统故障

一、任务描述

空调器控制电路是整机的控制指挥中心，如果空调器动作失常或不动作，往往是控制电路有故障。本任务就是检修空调器电气控制系统故障，其作业流程如图 2.7.1 所示。

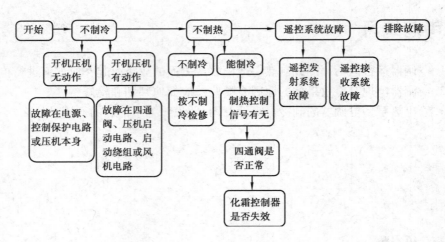

图 2.7.1　作业流程

二、知识能力目标

能力目标:1.学会检修不制冷的故障。

　　　　2.学会检修不制热的故障。

　　　　3.学会检修控制面板和遥控板故障。

知识目标:1.了解维修时的安全注意事项。

　　　　2.了解不制冷、遥控面板、遥控板和风机的故障特征。

　　　　3.拓展变频空调。

三、作业流程

1.不制冷故障的检修

空调器不制冷是一个常见故障,其检修步骤如下:

步骤1:检查供电情况。

通过观察电源指示灯(运行指示灯)判断电源是否供电(见图2.7.2)。若无220 V,则检查外电路。若出现熔断丝烧断或漏电保护开关跳闸,应检查是否电源电压过高或空调内部电路严重短路;若插座有电而指示灯不亮要查插头和空调电源电压输入接线端之间连线是否有开路。若供电正常接下一步:

图2.7.2　室内机运行指示灯　　　　　　图2.7.3　室外机

步骤2:检查遥控开机后压缩机是否动作。

用手触摸室外机机壳(见图2.7.3),压缩机启动时应有规则的振动。若压缩机无动作,接步骤3。若压缩机虽无动作,但有"嗡嗡"异响,接步骤5。若压缩机工作正常,接步骤6。

步骤3:检查遥控板的设置情况是否正确。

如图2.7.4所示,检查温度设定是否过高,也可以将其调到最低温度再遥控开机测试。若遥控板设置正确,接下一步。

图2.7.4　遥控板温度调节

步骤4:检查遥控系统是否正常(见图2.7.5)。

在遥控开机时,室内风机和垂直风向叶片电机得电工作,约3 s后,控制继电器闭合,压缩机和外机风机得电工作。若遥控开机按钮按下,室内机无动作,则需要检查遥控板和遥控接收部分是否正常;若遥控开机按钮按下,室内机工作正常而室外机不工作,则要检查压缩机控制继电器的供电 12 V 是否正常,若不正常则检查 CPU 与相关电路,若 12 V 正常而 3 s 后控制继电器不闭合,则是控制继电器触点开路;若遥控开机按钮按下,室内机工作正常,控制继电器也吸合(有吸合声),接下一步。

步骤 5:检查压缩机电气线路中的重要部件(见图 2.7.6)。

①取下过载保护器,在常温下,过载保护器应为导通。若过载保护器处于保护状态,应等其触点回复后再检测。若过载保护器正常,接下一步。

②检查运行电容。若检测电容有开路或容量严重减小,则采用更换。

③检查压缩机绕组。检测压缩机绕组是否开路、短路、漏电。若压缩机绕组坏,更换压缩机。

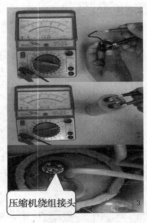

图 2.7.5　检测压缩机控制继电器　　　图 2.7.6　检测压缩机的过载、运行电容、绕组

步骤 6:检查室内外风机是否正常工作(见图 2.7.7)。若不能正常工作,则应检查相关元器件。

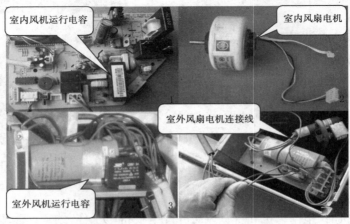

图 2.7.7　室内外风机运行电容和绕组线头

空调器用风扇电机不能正常运行,其常见故障有:风扇电动机运转电容器坏,风扇电动机绕组烧毁。风扇电动机运行电容器坏,通电后电机要发出轻微的"嗡嗡"声而不能运转;若电源和运行电容正常而风扇电动机不工作可初步判断为电动机绕组烧毁,可卸下风扇电动机控制线接头检测其阻值。

步骤7:检查四通阀。若空调器制热正常,不制冷,则是四通阀坏,更换四通阀(见图2.7.8)。

图2.7.8 四通阀

图2.7.9 检测四通阀供电

2. 不制热故障的检修

步骤1:检查空调器是否制冷。若不制冷,按不制冷步骤检修;若能制冷,接下一步。

步骤2:检查四通阀供电是否正常(见图2.7.9)。若不正常,检查CPU与相关电路元件;若正常,接下一步。

步骤3:检查四通阀是否正常。四通阀正常工作时得电有吸合声。若损坏则采用更换,若正常接下一步。

步骤4:检查化霜控制器。化霜控制器失效,更换。

3. 遥控系统的故障检修

操作空调器时主要使用遥控器,如果出现控制失常的现象,则表明遥控器、遥控接收电路或微处理器的某些部分出现了故障。有条件时,可用另一个工作正常的相同型号的遥控器可大致判断故障范围。如果用已知工作正常的遥控器能控制空调器正常工作,则表明是遥控器有故障;若不能控制空调器正常工作,但按下应急键能正常启动,则表明是遥控接收部分坏了;若按下应急键也不能正常启动,那说明是微处理器系统或相关电源电路出了故障。

(1)遥控器的检修

步骤1:检测电池的供电。

检测电池的供电是否正常(见图2.7.10),正常情况下为3 V;若不正常,检查电池是否尚好,电量是否正常,或者电池到电路板接头间是否有开路。

步骤2:检测红外发光二极管。

检测红外发光二极管的工作是否正常。正常情况下为正向导通,反向截止(见图2.7.11)。

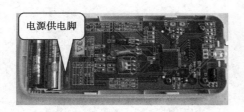

电源供电脚

图2.7.10　遥控板电路板图　　　　图2.7.11　检测发光二极管

步骤3:检测信号放大电路是否正常(见图2.7.12)。

图2.7.12　检测信号放大电路

步骤4:检测晶振(见图2.7.13)。

检测晶振是否正常,晶振好坏的判断可用示波器观察有无输出的38 kHz信号或用替换法。

步骤5:若以上都正常,那么是集成块损坏。

(2)遥控接收电路故障

如图2.7.14所示,遥控接收电路的常见故障有集成电路坏、供电电压失落、电路板有短路或断路现象。

当出现遥控失常时,其检测方法如下:

检测方法1:在其输出端用示波器观察有无脉冲波形输出,如无,再关断电源,然后测量信号输出端的对地电阻。如电阻很小,则表明可能有短路现象存在,如无短路问题,则可能是集成电路损坏。

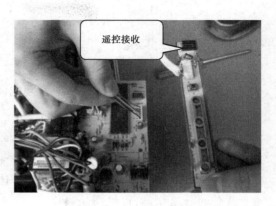

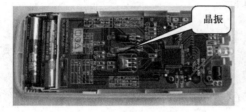

图 2.7.13　晶振位置

图 2.7.14　遥控接收电路部分

检测方法 2：替换遥控接收头。用一个能正常工作的同型号遥控接收头替换，若替换后能正常工作，则说明遥控接收头坏，若替换后仍不能正常工作，再检测信号输出端有无短路，如无短路问题，则判断集成电路损坏。

　　你学会了空调器电气控制系统的故障检修，就去实践操作一次，检测一下你的技术水平。看看你的能力吧！

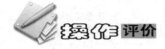

　　空调器电气控制电路故障检修，学会了多少，请根据表 2.7.1 中的要求进行评价。

表 2.7.1　空调器电气控制电路的检修评价表

序　号	项　　目	配　分	评价内容		得　　分
1	不制冷	60	1.检修电气控制电路故障	25 分	
			2.检修压缩机本身故障	15 分	
			3.检修风机部分故障	20 分	
2	不制热	40	1.检修四通阀故障	25 分	
			2.检修化霜控制器故障	15 分	
安全文明操作		违反安全文明操作(视其情况进行扣分)			
额定时间		每超过 5 min 扣 5 分			
开始时间		结束时间	实际时间	成　绩	
综合评议意见					
评议人			日　期		

变频空调简介

1. 变频空调的概念

所谓的变频空调,实际上就是在一般的常规普通空调上增加了一个频率变换器(变频器)。变频器是一个可改变电源频率的装置,大家家中的电源频率都为 50 Hz。通过变频器可将其频率转换其为 25～120 Hz,从而改变压缩机电机的转速,使之始终处于最佳的转速状态,以提高能效比。

变频空调运用变频控制技术,可根据环境温度自动选择制热、制冷和除湿运转方式,使居室在短时间内迅速达到所需要的温度并在低转速、低能耗状态下以较小的温差波动,实现了快速、节能和舒适的控温效果,而这种技术还能比常规的空调节能20%～30%。

2. 变频空调机的工作原理

变频控制器的原理框图如图 2.7.15 所示。

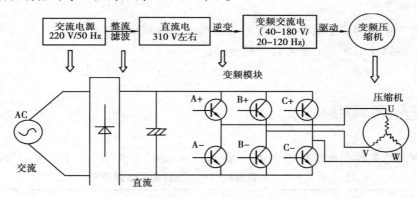

图 2.7.15　变频控制器的原理框图

变频式空调器一般带有微机(电脑)控制。它检测室内外信号如温度(室内外温、蒸发器温、冷凝器温、吸气管口温、膨胀阀出入口温、变频开头散热片温等),风机转速,电动机电流等。并由微机发出风机、压缩机转速、制冷剂流量、阀的切换、安全保护等信号。此类机装有电子膨胀阀节流。它随微处理器发出的信号,随时改变制冷剂流量,故它的效率比普遍使用毛细管节流方式的高。同时在制冷方式中,无化霜烦恼(化霜不停机)。因此,空调在制热时不会像普通机在除霜倒泵逆转时,吹出冷风使室温下降。

3. 变频空调的优缺点

(1)变频空调的优点

1)节能,变频空调由于其不用反复启动/停止压缩机,故不消耗多余的电力,因此,电费只是一般空调机的约2/3。压缩机根据调节运转而不用每次都启动,可以减少很多电力的浪费。

　　2）由于根据温度控制不断调节压缩机转速，因此，对室内的温度控制能力更强。使室内的温度恒定，不会产生过热或者过冷的现象。

　　3）由于压缩机平衡运转，可以降低传统空调压缩机启动的噪声，因此，噪声低也是变频空调的一个优点。

　　4）变频空调的制冷、制热能力比传统空调要强很多。变频空调能迅速使室内温度达到预设的温度。

　　5）抗环境能力比较好，变频空调能在 -10 ℃ 以下依然能达到不错的制热效果。而一般空调在 -5 ℃ 以下已经停止运转。

　　6）电压要求低，变频空调对电压的适应性较强，有的变频空调甚至可在150～240 V电压下启动。

　　(2) 变频空调的缺点

　　1）变频空调一般比传统空调价格要贵一些。

　　2）变频机控制系统比定频机复杂得多，因此，电脑控制板的故障较高，且维修费用较高。

　　3）变频器的电磁辐射较强。

　　4）由于变频空调的压缩机一直在运转，比传统空调更容易出现故障，压缩机损坏是变频空调的常见故障。一旦损坏，更换价格也贵。

思考与练习

　　1. 变频空调比普通空调省电省在什么地方？
　　2. 遥控面板、遥控板和风机的典型故障特征有哪些？

一、填空题

1. 空调器按制冷方式的不同可以分为＿＿＿＿和＿＿＿＿。
2. 变频式空调器一般带有＿＿＿＿控制。
3. 变频空调由于其不用反复＿＿＿＿压缩机，故不消耗多余的电力。
4. 检测电池的供电是否正常，正常情况下为＿＿＿＿。
5. 遥控接收电路的常见故障有＿＿＿＿、＿＿＿＿、＿＿＿＿。

二、判断题

1. 变频空调对电压的适应性较强。　　　　　　　　　　　（　　）

2. 变频空调一般比传统空调价格要贵一些。 （　　）
3. 变频器的电磁辐射较厉害。 （　　）
4. 变频空调的制冷、制热能力比传统空调要强很多。 （　　）
5. 变频式空调机由于其频率控制为 25～120 Hz。 （　　）

技术基础与技能

中央空调

教学目标

中央空调系统能否正常运行,主要取决于工程设计、施工安装、设备制造和运行管理4个方面。前3个方面通过专业部门评估后通常能得以保证,而运行管理工作则需要日常保证,要做好空调系统的管理,主要是能熟练操作空调系统。通过本项目的学习,使同学了解中央空调的系统构造,掌握中央空调的操作规范,熟悉中央空调的常见故障并懂得如何消除。通过学习使大家成为合格的中央空调维护人员。

安全规范

中央空调设备使用安全规范:

1. 交接班工作的主要任务

(1)清楚当班工作任务、设备运行情况和用冷部门的要求。

(2)检查运行操作记录是否完整,记录是否清楚。

(3)检查有关工具、用品是否齐全。

(4)检查工作环境与设备是否清洁,周围是否有杂物。

2. 运行记录

(1)开、停机时间。

(2)系统工作参数。

(3)每班组的水、电、气和制冷剂的消耗等。

技能目标

1. 学会应用中央空调系统的运行流程。

2. 熟悉中央空调系统的操作方法。

3. 学会中央空调系统的日常维护。

4. 学会分析空调系统的常见故障。

任务 1　中央空调启动准备

一、任务描述

现代化的空调系统随制冷技术提高而得到长足发展,主要体现在制冷空调设备质量的提高,以及空调系统智能化水平的提升方面。但空调制冷效果好还要有赖于对设备的适时监控和维护,首要任务就是中央空调制冷系统的启动准备工作。完成这一任务的作业流程如图3.1.1所示。

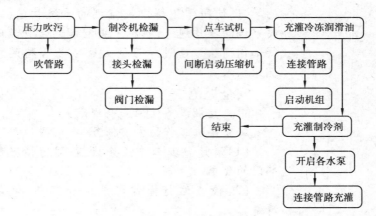

图 3.1.1　作业流程

二、知识能力目标

能力目标:1.学会进行压力吹污。
　　　　　2.学会对制冷机检漏。
　　　　　3.学会点车试机。
　　　　　4.学会充灌冷冻润滑油。
　　　　　5.学会充灌制冷剂。
知识目标:1.了解螺杆式制冷压缩机系统结构。
　　　　　2.掌握气体压力表使用方法。
　　　　　3.掌握抽空机的使用方法。

三、作业流程

1.压力吹污

中央空调系统内部不能有任何脏物,必须保证清洁。否则,系统工作不正常,甚至不工作。因此,在启动前要对系统进行压力吹污,如图 3.1.2 所示。

1)中央空调螺杆式压缩机机组一般是在进行大修或新安装结束后,使用干燥空气或氮气对管路系统内部进行吹扫,使系统中残存的氧化物焊渣及其他污垢由机组底部的排污口排出。

2)关闭机组所有与大气相通的阀门,打开压缩机机组各部分间的连接阀的阀门,然后用干燥空气或氮气向机组内充入 0.6 MPa 的气压。

3)关闭放空阀及排污口,使机组内部处于密闭状态。保证管路畅通,便于制冷剂在系统内部运行正常。

2. 压缩机组检漏

检漏是检查制冷系统的气密性的手段,如图 3.1.3 所示。

图 3.1.2　压力吹污　　　　　　　　　图 3.1.3　检漏

1)用肥皂水对机组内的阀门、焊缝、螺纹接头及法兰等部位进行气密性检查。

2)排除压缩机组泄漏后,继续向机组内输入气体。在输入气体时,可混入适量的氟里昂气体,让压缩机组内气体压力达到 1.4 MPa。

3)在没有漏点后,再用电子检漏仪进行更仔细检漏,确认无泄漏后,进行压缩机24 h保压试漏。

3. 点车试机

机组在完成试漏工作以后,旋转压缩机开关,点车试机,如果发现机组

图 3.1.4　压缩机开关

还有泄漏马上停车,找出泄漏点后进行修补,确认无泄漏问题后再点车试机。

4. 冲灌冷冻润滑油

向螺杆式制冷压缩机充灌润滑油的方式有两种:一种是机组内没有润滑油的首次充入方法,另一种是机组内已有一部分润滑油,需要补充润滑油的方法,如图 3.1.5 所示。

1)加油管一端接在机组油粗过滤器前的加油阀上,另一端放入润滑油桶内。

2)机组的供油单向阀和喷油控制阀关闭,打开油冷却器的出口阀和加油阀。

3)启动机组油泵,调节油压阀,使油压为 0.3 ~ 0.5 MPa。将氟利昂制冷剂抽入冷凝器中,使机组内压力与外界压力平衡。利用机组本身油泵加油,补充润滑油。

4)观察机组油分离器的液面,待油面达到标志线上 2.5 cm 处时停止,补油时压缩机必须停机。

注意:在制冷系统中,充入一定量的冷冻润滑油之后,利用真空泵抽空机组,使机组处于真空状态,要求机组内的压力达到绝对压力为 5.33 kPa。

5. 向机组内冲灌制冷剂

制冷剂是空调的血液,向制冷系统冲灌制冷剂,如图 3.1.6 所示。

图 3.1.5　补充润滑油

图 3.1.6　冲灌制冷剂

1）打开冷凝器、蒸发器的进出水阀门，启动冷却水泵、冷媒水泵、冷却塔风机。

2）放制冷剂钢瓶在磅秤上，记录重量；连接加氟钢瓶与机组加液阀虚接，打开钢瓶，观察接头是否有白雾喷出，如有说明空气排尽，拧紧虚接口；加注制冷剂。

3）关闭压缩机吸气阀，打开冷凝器的出液阀、制冷剂注入阀、节流阀，使制冷剂在压力差的作用下向机组注液，当机内压力达到 0.4 MPa 时，暂关注入阀，然后对机组检漏，确认无泄漏后，继续充灌制冷剂。钢瓶内压力与机组内压力平衡后，启动压缩机，使机组运行于低负荷状态，观察磅秤值，达到充量后，关闭相应阀门，充灌结束。

学习了中央空调系统启动准备程序以后，请大家按照程序要求，操作练习。

中央空调制冷系统的启动准备工作，学会了多少，请根据表 3.1.1 的要求进行评价。

表 3.1.1　中央空调启动准备工作评价表

序号	项目	配分	评价内容		得分
1	中央空调启动前准备	100	1. 会压力吹污	20 分	
			2. 会压缩机组检漏	20 分	
			3. 会点车试机	20 分	
			4. 会冲灌冷冻润滑油	20 分	
			5. 会在机组内冲灌制冷剂	20 分	
安全文明操作		违反安全文明操作(视其情况进行扣分)			
额定时间		每超过 5 min 扣 5 分			
开始时间		结束时间	实际时间		成　绩
综合评议意见					
评议人			日　期		

1. 制冷压缩机介绍

制冷压缩机是整个空调制冷系统中主要部件。其作用是：在制冷系统中建立压力差,迫使制冷剂在系统中循环,起着压缩和输送制冷剂达到连续制冷的目的。

螺杆式制冷压缩机的结构如图 3.1.7、图 3.1.8 所示。

图 3.1.7　双螺杆式压缩机结构图

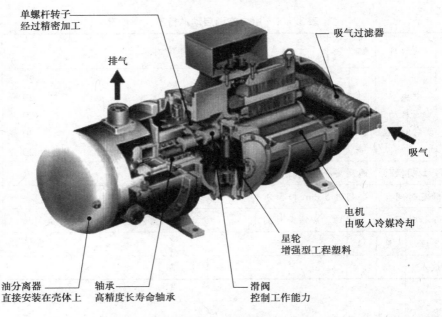

单螺杆转子
经过精密加工

排气

吸气过滤器

吸气

电机
由吸入冷媒冷却

星轮
增强型工程塑料

油分离器
直接安装在壳体上

轴承
高精度长寿命轴承

滑阀
控制工作能力

图 3.1.8　螺杆式制冷压缩机

螺杆式制冷压缩机的结构是由转子、机体、吸气管端座、滑阀、主轴承、轴封及平衡活塞等主要零件组成的。机体内部呈"∞"字形,水平配置两个按一定传动比反向转动的螺旋形的转子:一个为凸齿,称阳转子;另一个为齿槽,称阴转子。

转子的两端安装在主承轴中,径向载荷由滑动轴承承受,轴向载荷大部分由设在阳转子一端的平衡活塞所承受,剩余的载荷由转子另一端的推力轴承承受。

机体汽缸的前后端盖上设有吸气、排气管和吸气、排气口。在阳转子伸出端的端盖处,安装有轴封。机体下部有排气量调节机构——滑阀,还设有汽缸喷油用的喷油孔(一般设置在滑阀上)。

螺杆式制冷压缩机的工作原理:螺杆式制冷压缩机有3个工作过程:吸气过程、压缩过程和排气过程。当转子上部一对齿槽和吸气口连通时,由于螺杆回转啮合空间容积不断扩大,来自蒸发器的制冷剂蒸气由吸气口进入齿槽,即开始了进行吸气过程。随着螺杆的继续旋转,吸气端盖上的齿槽被齿的啮合所封闭,即完成了吸气过程。随着螺杆继续旋转,啮合空间的容积逐渐缩小,气体就进入压缩过程。当啮合空间和端盖的上排气口相通时,压缩过程结束。随着螺杆的继续旋转,啮合空间内的被压缩气体通过排气口将压缩后的制冷剂蒸气排入至排气管道中,直至这一空间逐渐缩小为零,压缩气体全部排出,排气过程结束。随着螺杆的不断旋转,将连续、重复地进行,制冷剂蒸气连续不断从螺杆式制冷压缩机的一端吸入,从另一端排出。

螺杆式制冷压缩机机组除制冷压缩机本身外,还包括油分离器、油过滤器、油冷却器、吸气单向阀进入吸入口。制冷压缩机的一对转子由电动机带动旋转,润滑油有由滑阀在适当位置喷入,油与汽缸中混合。油气混合物被压缩后经排气口排出,进入油分离器。由于油气混合物在油分离器中的流速突然下降,以及油与气的密度差等作用,使一部分润滑油被滞留在油分离器底部,另一部分油气混合物,通过排气单向阀进入二次油分离器中,进行二次分离,再将制冷剂蒸气送入冷凝器中。

如图3.1.9所示为某一型号的双螺杆制冷压缩机的内部解剖图组。

2.中央空调系统热交换设备

这里主要介绍制冷设备中的蒸发器、冷凝器。

(1)蒸发器

蒸发器是空调系统的热交换设备,是制冷剂在低温下吸收与它接触的被冷却媒介热的交换器。蒸发器是制冷系统中制取冷量的设备。按被冷却介质的特性,蒸发器可分为冷却空气和冷却液体蒸发器两大类。

1)冷却空气的蒸发器

冷却空气的蒸发器又称直冷式或直接膨胀式,如图3.1.10所示。它通过排管直接冷却空气,其降温速度快,冷量损失小,结构简单,容易安装和维修,通常用于中、小型制冷设备中。

2)冷却液体载冷剂的蒸发器

冷却液体载冷剂的蒸发器又称间冷式蒸发器。常用于大型制冷设备中。

①卧式壳管式蒸发器

卧式壳管式蒸发器的结构与卧式壳管式冷凝器基本相似。只是充满管束外壁的不是制冷剂蒸气,而是变成了制冷剂液体。管束中流动的水为载冷剂。低温、低压的制冷剂液体由蒸发器下部进入,吸收载冷剂的热量而汽化,而载冷剂由于放热而变冷,

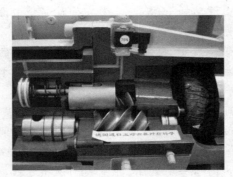 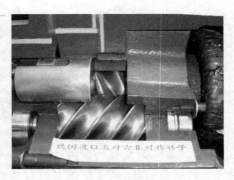

（a）双轴承　　　　　　　　　　　　（b）阴阳转子

（c）排气侧轴承　　　　　　　　　　（d）油分离器

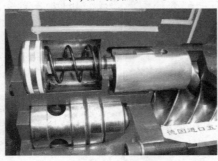 

（e）卸载系统　　　　　　　　　　　（f）电机绕组

图3.1.9　双螺杆压缩机内部解剖组图

成为冷媒去调节空气。其特点是：结构紧凑，传热性能好，制冷剂充注量大。液体静压力对蒸发温度影响大。

②干式蒸发器

干式蒸发器的结构与卧式壳管式蒸发器基本相似。其内在不同点在于：干式蒸发器中的制冷剂在管中流动，而载冷剂则在制冷剂管束间的蒸发管内流动。其特点是：这种蒸发器克服了满液式蒸发器的一些缺点，而且能量损失小，不会发生管子冻结现象。但结构比较复杂，制冷剂在管内分配不均匀，容易泄漏。

（2）冷凝器

冷凝器又称散热器、凝结器等。其作用是将压缩机排出的高压过热蒸气经过冷凝器后,将热量传递给周围介质水或空气(或其他周围低温介质),自身因受冷却凝结为液体。按冷却介质和冷却方式,它可分为水冷式和空冷式以及蒸发式。

1)空气冷却式冷凝器

空气冷却式冷凝器一般分为自然对流式和强迫对流式两种。这种冷凝器冷却效果一般,但是结构简单、安装方便。通常多用于小型氟化合物制冷装置中。

2)水冷式冷凝器

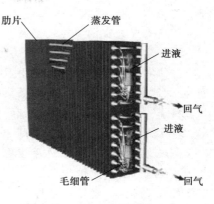

图 3.1.10　直接蒸发空气冷却

利用冷却水介质来吸收制冷剂蒸气的热量并使其冷凝称液体的换热器。其主要类型有壳管式冷凝器、套管式冷凝器和水浸式冷凝器等。由于使用了冷却水介质,使设备冷凝温度较低,对压缩机的制冷能力和运行经济性都比较有利。

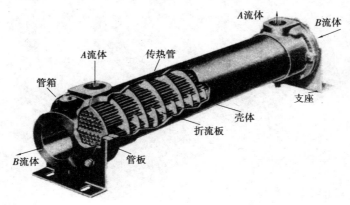

图 3.1.11　管壳式换热器

①卧式壳管式冷凝器

卧式壳管式冷凝器由一个钢板卷制焊接成的圆柱形筒体,在筒体内部装有一组直管管束,通过管板将管束固定在筒内,如图 3.1.11 所示。使用中,制冷剂蒸气在管束的外表面冷凝,冷却水在泵的作用下在管内流动。蒸气与水发生热交换后凝结成液体,由壳下部流入储液管中,经储液管再经节流阀进入蒸发器实现再循环。卧式壳管式冷凝器结构紧凑,传热系数大,冷却水耗量少,水流阻力较大,要求冷却水水质好,清洗水垢不方便。

②立式壳管式冷凝器

立式壳管式冷凝器是直立安装,只用于中型及大型氨制冷装置中。与卧式相比,立式壳管式两端没有端盖,冷凝水从上部配水箱进入冷凝器管内,经导流水嘴以螺旋线状沿管内壁向下流动。因此,其传热系数比卧式小,冷却水用量大,体积大,但对冷却水质要求不高,可露天安装。

3.户式中央空调与传统空调

近年来,随着生活水平的提高,许多家庭都已经实现一户多机或一室一机。现在人们对住宅的要求已不再满足于 $60 \sim 70$ m² 的范畴,而是开始向 $90 \sim 250$ m² 复合式住房,甚至别墅的方向发展,小区绿化环境、文化氛围、户型设计以及室内装潢均已达到小康水平,人们对空调的要求也有所提高,有了美观、洁净、清新、安全及节能环保的新要求。这样,家用分体式空调的弊病就开始显现出来。

全热交换中央新风系统原理图如图 3.1.12 所示。目前,家用分体式空调的能效比 COP 值较低,只能徘徊在 $2.7 \sim 3.1$,而家用空调器是一般家庭中能耗最大的电器,如果 COP 值较低,则耗电量将会增加很多,从而产生较高的经济负担。

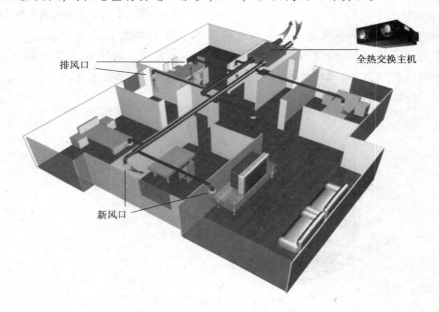

图 3.1.12 家用空调系统

由于家用分体式空调的空气只能在室内循环,没有新风供应,致使室内空气品质难以保证,CO_2 量增加使得室内的空气受到污染,且家用分体式空调的过滤效率不高,尤其是对于粒径较小的可吸入粉尘几乎不起作用,容易导致空调综合症和某些疾病的交叉感染,对人体健康产生非常不利的影响。室内空气成分组成如图 3.1.13 所示。

对建筑的影响,分体式空调的室外安装机一般在墙体立面上竖架悬挂,即破坏了墙体,又不美观;且冷凝水随处排放,室外机的噪声和废气都对环境造成影响。

中央空调与传统家用空调相比较具有舒适、美观、节能等诸多优点,不仅可以引入新风、改善空气品质,而且使居住室内空气分布更加均匀,温度波动小,舒适感好。

中央空调的优势主要体现在以下方面:

中央空调的空调效果优于分体空调。中央空调可做到均有管道式空调送回风口

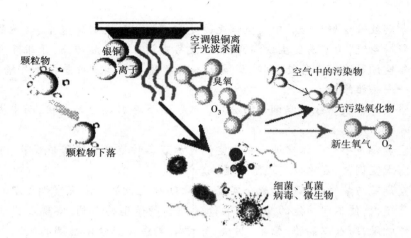

图 3.1.13　室内空气成分

或风机盘管送回风口。

如图 3.1.14 所示为户式中央系统配置效果图。

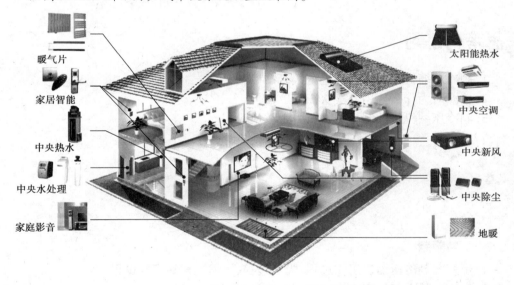

图 3.1.14　户式中央空调系统分布

中央空调可使每个房间(如餐厅、客厅、书房、客房、门厅、健身房、娱乐厅、影视厅及卫生间等)均实现夏季供冷、冬季供暖和春秋季通风换气的全年性空调效果。可根据各个房间的朝向、功能等增加和减少负荷输送量。

中央空调能保证向房间输送新风,使房间始终保持空气清新、卫生。但分体空调无法送入新风,故难以确保空调房间空气的新鲜度;而如果通过开门、窗通风换气,则冷量就会大量损失,这不仅影响房间温度,而且浪费了能源。

机组可安装在阳台屋顶,无须另设机房,不用破坏墙体立面,灵活方便;整个家庭都满足舒适型条件,避免了其他分体机造成的直吹过冷和房内冷热不匀的人体不适现象。

中央空调故障少好维修。中央空调无论是空调机组和送回风道系统，还是房间风机盘管和新风系统，均不易发生故障，而制冷设备则设在制冷站内，便于维修。但分体空调的分体空调器遍布在各处，制冷压缩机不仅数量多而且多数悬挂于外墙上，出了故障很难一一去维修好。

中央空调寿命长。分体空调如为公用，一般3～5年就须更换新机，而中央空调设备则可用8～15年。

中央空调噪声小于分体空调。中央空调可加装各种消声装置降低噪声，而分体空调如采用窗式空调器，则难以实现降噪措施。

中央空调可与装修施工密切配合实现豪华、明快之效果。中央空调管路和设备均可隐蔽在吊顶内，使不同功能的房间的装修做到各种造型的布局，实现现代建筑高档装修的特殊效果，给人以高雅、豪华、明快、舒适之美感。但分体空调的风冷式室外机须零散的悬挂在外墙上或装于室外地面上，影响外装修效果，而室内机则须挂在内墙上或安放在地面，又占用了室内空间，这无形中减小了房间的使用面积。

思考与练习

1. 制冷压缩机组为什么要进行气密性检测？
2. 检漏时为什么要用氮气吹扫？
3. 制冷压缩机组的制冷剂材料可否替换？

一、判断题

1. 螺杆式制冷压缩机工作过程：吸气过程、压缩过程和膨胀过程。　　　（　　）
2. 家用普通空调使用寿命比家用中央空调更长。　　　（　　）
3. 使用家用中央空调的房间比使用普通空调的房间空气更好。　　　（　　）
4. 螺杆式制冷压缩机的功能是制冷。　　　（　　）
5. 家用中央空调的价格优于普通家用空调。　　　（　　）

二、填空题

1. 螺杆式制冷压缩机的结构是由 _____ 、机体、吸气管端座、滑阀、_____ 、轴封及平衡活塞等主要零件组成的。
2. 中央空调能保证向房间输送 _____ ，使房间始终保持空气 _____ 、卫生。
3. 中央空调寿命 _____ 。分体空调如为公用，一般 _____ 年就须更换新机,而中央空调设备则可用 8~15 年。

4.中央空调与传统家用空调相比较具有_____、_____、_____等诸多优点。

5._____的空调效果优于分体空调,中央空调可做到均有管道式空调送回风口或风机盘管送回风口。

任务 2　中央空调试运行

一、任务描述

中央空调系统能否正常工作,不仅直接影响空调系统对空气的调节,还会影响空调系统的运行费用。因此,中央空调系统的正常运行,既可以满足空调房间的空气调节,又能节省相关费用。要使空调系统正常运行,应对中央空调系统进行试运行测试。完成这一任务的作业流程如图 3.2.1 所示。

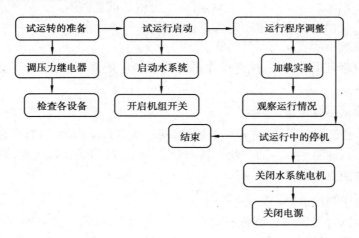

图 3.2.1　作业流程

二、知识能力目标

能力目标:1.学会试运转的准备。
　　　　　2.学会试运行启动。
　　　　　3.学会运行程序调整。
　　　　　4.学会试运行中的停机。

知识目标:1. 了解压缩机组试运行前准备的工作内容。

2. 掌握压缩机组试运行启动程序。

3. 掌握压缩机组试运行中的停机步骤。

三、作业流程

1. 螺杆式压缩机的试运转的准备工作(见图3.2.2)

1)检查机组中各开关是否处于正常位。

2)检查油位是否在视油镜1/2或1/3的正常位。

3)检查机组中的吸气阀、加油阀、放空阀及所有的旁通阀是否关闭,但是机组的其他阀门处于开启状态。

4)检查冷凝器、蒸发器、油冷却器的冷却水和冷媒水的排污气阀是否关闭,而水系统的其他阀门应开启。

5)检查冷却水泵,冷媒水泵及其出口调节阀和单向阀是否正常。

2. 机组的试运行启动程序(见图3.2.3)

1)启动冷却水泵,冷却塔风机,使冷却水系统循环。

2)启动冷媒水泵并调整出口水泵,出口压力使其正常循环。

3)检测机组供电的电源电压是否符合要求。

4)检查系统中所有阀门所处的状态。

5)闭合控制电柜总开关,检查操作柜上的指示灯是否正常亮,若不亮则应查明原因,及时排除。

3. 机组的试运行调整(见图3.2.4)

调整油压提高排气压力,进行增载实验,同时调节截流阀的开度,观察机组的吸气压力、排气压力、油温、油压、油位及运转声音是否正常,若无异常现象,即可对制冷压缩机进行增载满负荷运行。

4. 试运行中的停机操作(见图3.2.5)

机组试运行时间30 min到停机时间,先减载操作,滑阀回到40%～50%位置,关闭供液阀,关小吸气阀,停止主电动机,关闭吸气阀,停止油泵。

关闭冷却水泵和冷却塔风机,10 min后关闭冷媒水水泵。

关闭电源,结束停机操作。

以上就是关于中央空调系统的启动准备的工作过程。

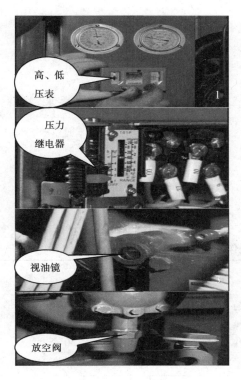

图 3.2.2 压缩机检查流程

图 3.2.3 机组试运行流程

图 3.2.4 试运行调整

图 3.2.5 停机操作

做一做

学习了中央空调系统启动准备程序以后,请大家按照程序要求,操作练习。

中央空调系统的启动准备工作,会了多少,根据表3.2.1中的要求进行评价。

表3.2.1 操作评价表

序号	项 目	配 分	评价内容		得 分
1	压缩机组试运行	100	1. 会压缩机组的试运转的准备操作	30分	
			2. 会机组的试运行启动操作	40分	
			3. 会试运行中的停机操作	30分	
安全文明操作		违反安全文明操作(视其情况进行扣分)			
额定时间		每超过5 min扣5分			
开始时间		结束时间	实际时间		成 绩
综合评议意见					
评议人			日 期		

知识探究

1. 中央空调——空气处理装置

(1)集中式空调系统

1)集中式空调系统的组成(见图3.2.6)

①空气处理设备

它包括空气过滤装置、预热器、喷淋室及再热器等,是空气进行过滤和各种热湿处理的主要设备。它的作用是使室内空气达到预定的温度、湿度和洁净度。

②空气输送设备

它包括送风机(见图3.2.7)、回风机、风道系统以及装在风道上的风道调节阀、防火阀、消声器和风机减振器等配件。它的作用是将经过处理的空气按照预定要求输送到各个空调房间,并从房间内抽回或排出一定量的室内空气。

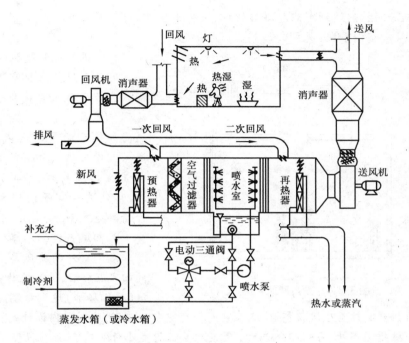

图3.2.6 集中式空调系统

③空气分配装置

它包括设在空调房间内的各种送风口和回风口。它的作用是合理的组织室内气流,以保证工作区域内有均匀的温度、湿度、气流速度及洁净度。除以上的主要设备外,还有为空气处理服务的热源和热媒管道系统,冷媒和冷媒管道系统,以及自动控制和自动检测系统,等等。

2)集中式系统空气处理方法

①直流式空调系统

直流式空调系统全部使用室外新风,空气从百叶窗进入,经处理后达到送风状态,送入房间。

图3.2.7 送风机

a.直流式系统的夏季处理过程

室外的新风经空气过滤器过滤后进入喷淋室冷却去湿,达到机器露点(习惯称相对湿度为90%~95%的空气状态),然后经过再热器加热到所需要的送风状态送入室内,在空调房间吸热吸湿后达到状态,然后全部排出室外。

b.直流式系统的冬季处理过程

冬季室外空气一般是温度低,含湿量小,要把主要的空气处理到送风状态必须进行加热和加湿处理。室外的新风经空气过滤器过滤后由预热器等湿加热到机器露点,然后进入喷淋室进行绝热加湿处理,然后经再热器加热至所需的送风状态点送入室内,在空调房间放热达到加热加湿目的后,被排出室外。

②回风式空调系统(见图3.2.8)

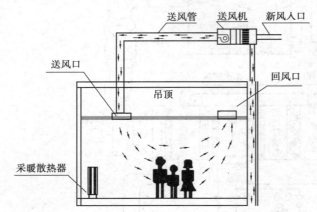

图3.2.8　室内回风系统

a.回风系统的夏季处理过程

室外新风与来自空调房间的回风混合后进入喷淋室冷却去湿达到机器露点状态,然后经过再热器加热至所需的送风状态后,送入室内吸热、吸湿,当给室内空气进行热湿处理后部分排出室外,部分进入空气处理系统与室外新鲜空气混合,如此循环。

b.回风系统的冬季处理过程

冬季室外的新风与室内空气的回风混合后,进入喷淋室绝热加湿(喷循环水)达到机器露点温度后,又经再热器加热至送风状态后,送入室内。在室内放热湿,达到室内设计的空气参数后,一部分被排出室外,另一部分进入空气处理系统与室外新风混合,如此循环。

(2)风机盘管空调系统

风机盘管空调系统是由通风机、盘管和过滤器等部件组装成一体的空气调节设备,简称风机盘管机组。习惯上将使用风机盘管机组做末端装置的空调系统称为风机盘管空调系统。它属于半集中式空调系统,广泛应用于办公大楼、医院、公寓等多层建筑。

1)风机盘管空调系统的特点与组成

①风机盘管的特点

a.运用灵活,可自行调节各房间的负荷,节能效果好。

b.仅需新风系统,风管截面积较小,容易布置。

c.难于满足温度、湿度、洁净度的严格要求。

d.管线布置较复杂,水系统易漏水,维护管理较烦琐。

②风机盘管的组成

风机盘机组主要由风机、风机电动机、盘管、空气过滤器、凝水盘及箱体组成,并配有室温自动调节装置。

a.风机

风机一般采用离心式和贯流式两种形式。其风量为 $250 \sim 2\,500\ \mathrm{m^3/h}$。

b.盘管

盘管一般采用紫铜管肋片,有二排、三排等类型。

c.风机电动机

风机电动机一般采用单相电容运转式电动机,可实现风量调节。

d. 空气过滤器

空气过滤器常设在机组下部或侧部,采用粗孔泡沫塑料、金属编织物、纤维织物等制作。

2) 风机盘管式空调系统的新风供给方式

① 用房间缝隙自然渗入供给新风

这种方式机组处理的空气是室内循环空气,空气新风供给难以保证。

② 房间外墙打洞引新风直接进入风机盘管机组

这种方式虽然新风能得到较好的保证,但室内温度、湿度会受外界气候的影响,其噪声及污染会增大。

③ 由独立的新风系统供给新风

将经过集中处理的新风通过风管送入空调房间。这是一种比较理想的处理方式,但会增加风机盘管的负荷,排管的数目要相应增加。

2. 空气调节技术

(1) 舒适

舒适是人体对环境感觉愉快的完美平衡。如果人们对周围环境未产生不舒适、不愉快的感觉,那么人们周围就是舒适的环境。提供生活与工作舒适环境是空调行业的任务之一。

人的舒适感有以下4个方面的内容:

1) 温度。

2) 湿度。

3) 空气的流动。

4) 空气的洁净度。

对于自我保护和舒适感人体具有非常复杂的控制功能。当人从暖和的室内到寒冷的室外时,人体即开始针对环境做出相应调节;当人从温度较低的室内走向温度较高的室外时,人体同样也会迅速做出调整,使自身适应新的环境。

人体的自我调节是依靠循环和呼吸系统来实现的。当人体感到较热时,表皮下的脉管就会扩张,使表皮底下的血液以某种方式来增加与空气的热交换。这也是人体体温较高时会面红耳赤的原因。如果此时不予降温那么人体即开始大量排汗。当这部分汗液蒸发时,就会从人体带走大量的热量使体温迅速下降。因此,在炎热夏天,大量排汗时就必须大量饮水。

为了使人体达到舒适的程度,消除来自内部和外部的影响,采用人工的方法达到控制空气环境的目的,这种方式则称为空气调节。

(2) 空气调节的任务

空气调节主要以影响人体舒适的4个方面为主要任务,它们分别是空气温度调节、湿度调节、气流调节及空气洁净度调节。

1) 温度调节

温度调节的目的是为了保持室内空气具有合适的温度。通常对于居室温度夏季应保持为 25～27 ℃;冬季保持为 18～20 ℃。工矿企业、科研医药卫生单位这根据需要确定温度。通常温度调节是对房间提供冷热量来实现。

2)湿度调节

空气调节的目的是为了使空气中的水蒸气含量适当,从而使人体感到舒适或达到工艺要求。湿度过高,人体汗液不易蒸发,感到闷热;湿度过低,人体汗液蒸发过快,时间一长就会缺水,有口干的感觉。通常对湿度的要求,夏季相对湿度保持为 50%～60%,冬季相对湿度保持为 40%～50%。通常湿度调节用加湿器或除湿机完成。

3)气流调节

空气温度和湿度的改变方式主要依靠气体对流来实现。因此,气流调节同样重要。根据空调设计规范要求,送风速度是 0.2～0.5 m/s。

4)空气洁净度调节

空气洁净度是指空气中所含尘粒的数量和大小。由于环境或工艺生产的影响,使有害气体和空气中的悬浮物很容易随呼吸进入人体,产生疾病。因此,对空气进行洁净处理非常有必要。

通常采用的方法有通风过滤、吸附、吸收等。

思考与练习

1. 为什么制冷压缩机运行前要试运转?
2. 如果冷却水系统或冷媒水系统不运转会造成什么影响?
3. 为什么制冷压缩机油温、油压、油位不能过高?

学习检测

一、判断题

1. 蒸发器是热交换器中的一种。 （   ）
2. 制冷压缩机的润滑油位不可以过高,可以过低。 （   ）
3. 空气的湿度对环境影响不大。 （   ）
4. 中央空调只调节环境温度。 （   ）
5. 中央空调的冷凝器作用是降低制冷剂温度。 （   ）

二、填空题

1. 蒸发器是空调系统的热交换设备,是制冷剂在低温下吸收与它接触的被冷却媒介热的交换器,蒸发器_____系统中制取冷量的设备。

2. 卧式壳管式蒸发器的特点是：_____，传热性能好，制冷剂充注量大。

3. 卧式壳管式冷凝器由一个钢板卷制焊接成的_____形筒体，在筒体内部装有一组直管管束，通过管板将管束固定在筒内。

4. 风机盘机组主要由风机、_____、盘管、_____、凝水盘及箱体组成，并配有室温自动调节装置。

5. 空气处理设备包括_____、预热器、_____、再热器等。

任务 3　中央空调中螺杆式制冷机启动和运行

一、任务描述

中央空调系统工作取得最佳效果，前提是做到正确使用设备。要完成好中央空调系统操作任务有两个方面：一是严格执行系统的操作程序，二是保证系统设备处于良好的工作状态。接下来我们介绍中央空调系统中螺杆式制冷压缩机的启动和运行步骤，包括压缩机运行正式启动运行操作过程，压缩机运行过程中的管理。完成这一任务的作业流程如图 3.3.1 所示。

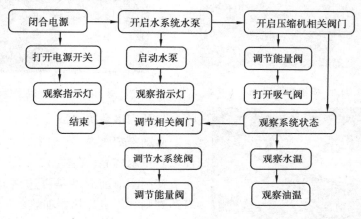

图 3.3.1　作业流程

二、知识能力目标

能力目标：1. 学会闭合电源。

2. 学会开启水系统水泵。

3. 学会开启压缩机相关阀门。

4.学会调节相关阀门。

知识目标:1.了解压缩机组的启动步骤。

2.掌握冷却水系统和冷冻水系统的组成。

3.掌握冷却水系统和冷冻水系统的作用。

三、作业流程

螺杆式压缩机的正式启动操作步骤如下:

1.闭合电源

确认机组中各阀门状态是否符合开机要求。

闭合压缩机电源开关(见图3.3.2),使电路处于闭合状态。

使电源向压缩机电气装置供电,电源控制指示灯亮(见图3.3.3)。

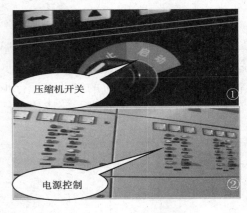

图3.3.2 机组闭合电源

图3.3.3 压缩机组指示灯系统

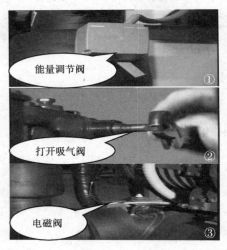

图3.3.4 压缩机系统阀门

2.开启水系统水泵

启动冷却水泵,冷却塔机组和冷媒水泵,使三者指示灯亮(见图3.3.3)。

检测润滑油温度是否达到30 ℃,如果没有达到则须用电加热器加热。

3.开启压缩机相关阀门(见图3.3.4)

启动油泵,将能量调节阀置于减载区,并确定滑块处于零位。

调节油压阀,让压力达0.5~0.6 MPa。

闭合压缩机启动控制电源开关,打开压缩机吸气阀经延时开机,在压缩机运行之后,对润滑油压力进行调整,使其高于排气压力

0.15～0.3 MPa。

打开电磁阀,向蒸发器供液态制冷剂,将能量调节装置至于加载位置并随着时间的推移逐级增长,观察吸气压力,调节膨胀阀,使吸气压力稳定在0.36～0.56 MPa。

4. 观察相关数据

压缩机运行后,润滑油温度达到45 ℃,观察电加热器的电源是否断开,打开油冷却器的冷却水进、出口阀门,使压缩机油温运行为40～55 ℃(见图3.3.5)。

5. 调节水温及能量阀

若冷却水温较低,可暂将冷却塔的风机关闭,降低能源消耗达到节能的目的。

将喷油阀打开,同时将吸气阀和机组出液阀打开,能量调节阀全打开,系统全面运行(见图3.3.6)。

图3.3.5　数据显示屏　　　　　　　图3.3.6　能量调节阀门

以上就是中央空调系统启动与运行工作过程。

学习了中央空调系统启动与运行以后,请大家按照程序要求,操作练习。

中央空调系统启动与运行工作,你学会了多少?请根据表3.3.1中的要求进行评价。

表 3.3.1　中央空调试运行操作表

序　号	项　　目	配　分	评价内容		得　分
1	压缩机组试运行	100	1.能闭合电源	20 分	
			2.能开启水系统水泵	20 分	
			3.能开启压缩机相关阀门	20 分	
			4.会观察相关数据	20 分	
			5.会调节水温及能量阀	20 分	
安全文明操作		违反安全文明操作(视其情况进行扣分)			
额定时间		每超过 5 min 扣 5 分			
开始时间		结束时间	实际时间	成　绩	
综合评议意见					
评议人			日　期		

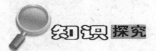
知识探究

1.中央空调水系统

(1)冷冻水循环系统

冷冻水循环系统由冷冻泵及冷冻水管道组成。如图 3.3.7 所示,从冷冻主机流出的冷冻水由冷冻泵加压送入冷冻水管道,通过各房间的盘管,带走房间内的热量,使房间内的温度下降。同时,房间内的热量被冷冻水吸收,使冷冻水的温度升高。温度升高了的循环水经冷冻主机后又成为冷冻水,如此循环。

从冷冻主机流出进入房间的冷冻水,简称为"出水";流经所有房间后回到冷冻主机的冷冻水,简称为"回水"。无疑回水的温度将高于出水的温度形成温差。

(2)冷却水循环系统

冷却水循环系统由冷却泵、冷却水管道及冷却塔组成。如图 3.3.8 所示,冷冻主机在进行热交换使水温冷却的同时,必将释放大量的热量。该热量被冷却水吸收,使冷却水温度升高。冷却泵将升了温的冷却水压入冷却塔,使之在冷却塔中与大气进行热交换,然后再将降温了的冷却水,送回到冷冻机组。如此不断循环,带走冷冻主机释放的热量。

流进冷冻主机的冷却水,简称为"进水";从冷冻主机流回冷却塔的冷却水,简称为"回水"。同样,回水的温度将高于进水的温度形成温差。

2.空气物理性质

空气调节研究的主要对象是空气。研究空气调节的内容,应对空气成分、物理性质和空气物理参数的变化有相应的了解。

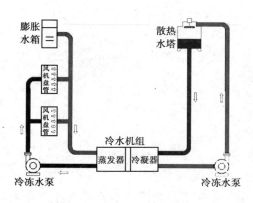

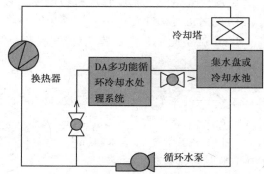

图3.3.7　中央空调水循环系统　　　图3.3.8　冷却水循环系统

大家知道,自然界空气在正常情况下由多种气体组成。除水蒸气外,其余气体都有一定质量比例。如氮气占75.55%,氧气占23.10%,二氧化碳0.05%,其他稀有气体共占1.30%。这种具有一定比例,又不含水蒸气的空气,称为"干空气",用符号d.a表示。实际上,空气都是由各种气体成分组成的干空气和一定数量水蒸气的混合物。这种空气称为湿空气或简称"空气"。

由此可知:

(湿)空气 = 干空气 + 水蒸气

湿空气的物理性质通常用"状态参量"来衡量。湿空气的物理参量较多,但与空气调节密切相关的只有压力、温度、湿度、含湿量、焓和密度。

(1)压力

空气压力即大气压力(P_{amb}),是指某地区表面的空气层在单位面积上所形成的压力,其单位为Pa。按照物理学中,道尔顿定律:混合气体的总压力应该等于各组成气体分压力之和。因此,(湿)空气总压力为:干空气和水蒸气的压力之和。

一般用P_q表示水蒸气分压力,P_g表示干空气的分压力,则

$$P_{amb} = P_g + P_q$$

水蒸气的分压力在空气调节中经常用到,因为在一定温度下,空气中水蒸气分压力的大小反映了空气中水蒸气的含量,即空气的潮湿程度。

(2)温度

温度表示空气的冷热程度,空气温度的高低对人体的舒适和健康及对某些生产过程的影响很大。因此,在空气调节中,温度是衡量空气环境对人体和生产过程是否合适的一个重要参数。在我国计量单位中,温度采用热力学温度,用符号T表示,单位为K(开)。热力学温度与摄氏温度之间的关系为

$$t = T - 273.5 \text{ K}$$

或

$$T = 273 \text{ K} + t$$

式中　t——摄氏温度,℃。

(3)湿度

湿度是表示空气干湿程度的物理量。它有以下 3 种表达方法：

1)绝对湿度(Z)

1 m^3 湿空气中含有水蒸气的质量,称为"绝对湿度"。单位为 kg/m^3,其表达式为

$$Z = \frac{m_q}{V}$$

式中　Z——(湿)空气的绝对湿度,kg/m^3;

　　　m_q——水蒸气的质量,kg;

　　　V——湿空气的总体积,m^3。

(2)相对湿度

(湿)空气的相对湿度是指空气中水蒸气分压力和同温度下饱和水蒸气分压力或是湿空气的绝对湿度与湿空气达到饱和时的绝对湿度之比。

(3)含湿量

含湿量是指在湿空气中,伴随 1 kg 干空气的水蒸气质量(g),其单位为 g/kg。

(4)密度

在单位体积内湿空气的质量,称为湿空气的密度。其表达式为

$$\rho = \frac{m}{V}$$

式中　ρ——(湿)空气的密度,kg/m^3;

　　　m——(湿)空气的质量,kg;

　　　V——(湿)空气的体积,m^3。

同样,密度的倒数称为空气的比体积(V)。

(5)焓

在空气调节中,湿空气的处理基本上是定压过程,而在定压过程中,焓的差值即为热交换量。因此,在空调工程中,只讨论焓的变化量而与取什么基准无关。一般取 0 ℃的焓值为零。

把 1 kg 干空气的焓与($0.001d$)kg 水蒸气焓的和,称为($1 + 0.001d$)kg 湿空气的焓。单位为 kJ/kg(d.a)。其表达式为

$$h = h_g + 0.001dh_q$$

式中　h——湿空气的焓值,kJ/kg(d.a);

　　　h_g——1 kg 干空气的焓,kJ/kg;

　　　h_q——1 kg 水蒸气的焓,kJ/kg。

(6)露点温度

露点温度简称为"露点"。它是在给定含湿量的前提下,使空气冷却到饱和状态($\varphi = 100\%$)时的温度。若空气湿度低于露点,则空气中部分水蒸气即结露;当温度低于 0 ℃时,则结为霜。

思考与练习

1. 制冷压缩机开机顺序能不能调换？
2. 为什么要如实记录机组的工作状态？
3. 水循环系统在中央空调中的作用是什么？

一、判断题

1. 接通电源是压缩机组开机的第一步。 （ ）
2. 压缩机组开启过程中应随时关注机内气体压力。 （ ）
3. 温度在空气调节中指的是空气的冷热程度。 （ ）
4. 空调水系统的作用是进行热交换。 （ ）
5. 空气有干空气和湿空气之分。 （ ）

二、填空题

1. 冷冻水循环系统由_____泵及冷冻水管道组成。

2. 冷却泵、_____管道及冷却塔组成,冷冻主机在进行热交换、使水温冷却的同时,必将释放大量的热量。

3. 空气都是由各种气体成分组成的_____和一定数量_____的混合物。

4. 空气压力即大气压力(P_{amb}),是指某地区表面的空气层在单位面积上所形成的_____,其单位为_____。

5. 温度表示空气的_____,空气温度的高低对人体的舒适和_____及对某些生产过程的影响很大。

项目4

冷库运行与管理

教学目标

随着我国经济的快速发展,人们需求的食品种类的增加,需要很多低温储藏设备。对冷库这种设备的需求越来越旺,冷库维护人员需求量大增。人们越来越希望掌握更多冷库知识。

冷库是在低温环境下保存物品的建筑,包含库房、压缩机房、配电室附属建筑等。冷库设备主要用于在冷藏室储存、发送需冷却储存的物品。

本项目主要介绍冷库的结构、工作原理、运行和维护的相关知识和技能,通过对冷库相关知识的学习,使大家逐渐成长为专业的冷库维护和管理人员。

安全规范

1.认真学习专业知识,不断提高自身水平;严格按照配电、空压机、制冷机设备操作规程保养操作设备,确保电、冷却水、高低压压缩气正常供给保证生产的顺利进行。

2.做好设备的日常维护、保养工作,做好配电、空压机、制冷机设备运行资料、维修台账的记录工作,保证其准确性和完整性。确保公司资产的完好和完整,确保设备的正常使用。

3.做好机房现场的规范布置,严禁无关人员随意出入场地,确保现场人流物流有序。

4.每日做好现场及公共区环境卫生的保洁,认真整理用过的工具、仪器、药剂等用具和设施,做好交接班准备工作。

5.努力降低能源动力及其他辅助材料的消耗,避免不合理的消耗,做好设备维修档案和备件、材料消耗台账的记录工作。

6.出现问题及时报告。

技能目标

1.熟悉冷库结构。

2.掌握冷库运行和管理方法。

3.掌握冷库的日常维护。

4.能分析冷库的常见故障。

任务 1　冷库启动准备与试运行

一、任务描述

冷库的管理与维护工作主要是在冷库制冷设备安装完成后,通过对设备的检查和试运转,准确评估设备的设计、配置、性能和质量的优劣,人们可以通过试运行发现设备可能出现的问题,可及时进行调整和改进,确保设备能够正常,高效运行。

冷库系统启动准备和试运行是冷库维护的基本程序,完成这一任务的作业流程如图4.1.1所示。

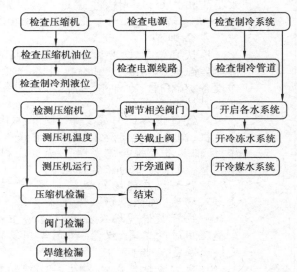

图 4.1.1　作业流程

二、知识能力目标

能力目标:1. 会检查压缩机。
　　　　　2. 会检查电源。
　　　　　3. 会检查制冷系统。
　　　　　4. 会开启各水系统。
知识目标:1. 掌握冷库系统启动前的准备程序。
　　　　　2. 掌握冷库系统试运行步骤。

三、作业流程

冷库系统常用活塞式制冷压缩机进行制冷,下面主要介绍活塞式制冷压缩机系统的操作:

1. 启动前准备工作

(1)检查压缩机

检查制冷压缩机润滑油位是否合乎要求,油质是否清洁。

观察注液器的制冷剂液位是否正常,一般要求液面应在视液镜的 $1/3 \sim 2/3$ 处(见图4.1.2)。

打开压缩机的排气阀,高、低压系统中的相关阀门,但压缩机的吸气阀和注液器上的出液阀可暂不打开。检查压缩机周围及运转部件附近有无障碍物妨碍工作(见图4.1.3)。

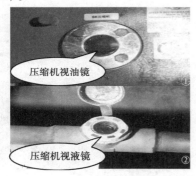

图4.1.2　观察视液镜　　　　　　　图4.1.3　开启排气阀

(2)检查电源电压

接通机组电源检查电源电压是否符合标准电压值(见图4.1.4),如不符合请查明原因并排除故障。

(3)开启冷却水系统

开启冷却水系统的冷却水泵(见图4.1.5),对于风冷式机组开启风机运行。

开启冷媒水系统的冷媒水泵。

图4.1.4　检查电源电压　　　　　　图4.1.5　冷却水泵

图 4.1.6 检查管路系统

（4）检查管路系统

检查制冷系统中所有管路系统，确认管道无泄漏，水系统无明显的泄漏（见图4.1.6）。

2. 活塞式制冷压缩机的试运转

（1）打开吸排气阀

关闭压缩机的排气截止阀，使排气阀的通道与大气相通。

关闭压缩机的吸气截止阀（见图4.1.7）。

（2）调节压缩机高低压力

调整压缩机压力继电器及温度控制器，使其大小在所要求的范围内，压力继电器的压力高低根据系统使用的制冷剂工况和冷却方式而定。

启动制冷压缩机运行，调整压缩机的排气压力，使压力达 0.2 ~ 0.4 MPa（见图4.1.8）。

图 4.1.7 压缩机吸气阀

图 4.1.8 调整高低压继电器

（3）检测压缩机温度

压缩机的主轴承的温度不超过 65 ℃，曲轴箱内的润滑油油温 70 ℃，压缩机的排气温度不超过 145 ℃（图4.1.9）。

图 4.1.9 测试温度

图 4.1.10 检漏

（4）检测压缩机是否有泄漏

用电子检漏仪检测压缩机是否有泄漏。

观察压缩机运行状态的稳定,无异常杂声,吸排气阀片起落声清晰(见图4.1.10)。

注意:压缩机在运行4 h后,试运行合格后停止运行,清洗吸排气阀、活塞、汽缸和润滑油过滤器等零部件重新更换润滑油即可正式启动运行。

以上就是关于冷库系统的准备和试运行的工作过程。

学习了冷库系统启动准备和试运行程序以后,请大家按照程序要求,操作练习。

冷库系统启动准备和试运行工作,学会了多少,请根据表4.1.1的要求进行评价。

表4.1.1　冷库系统启动准备和试运行工作评价表

序号	项目	配分	评价内容		得分
1	冷库系统启动准备	50	1.会检查压缩机油位、制冷剂液位	15分	
			2.会开启压缩机相关阀门、冷却水系统	20分	
			3.会检查电源电压、管路系统	15分	
2	冷库系统试运行	50	1.能打开吸排气阀	20分	
			2.能调节压缩机高、低压力	10分	
			3.会检测压缩机温度	10分	
			4.会检测压缩机是否有泄漏	10分	
安全文明操作		违反安全文明操作(视其情况进行扣分)			
额定时间		每超过5 min扣5分			
开始时间		结束时间	实际时间	成绩	
综合评议意见					
评议人			日期		

1.冷库常用压缩机组——活塞式压缩机组

压缩机是制冷系统的核心,如图4.1.11和图4.1.12所示。它的主要作用是将蒸发器中的制冷剂蒸气吸入,并将其压缩到冷凝压力,然后排至冷凝器利用压缩机组循环运动的功能,使制冷剂发生相变吸收热量,以降低冷库内的环境温度。

图4.1.11　冷库压缩机组　　　　　　　图4.1.12　冷库用活塞式压缩机组

活塞式压缩制冷机是利用活塞在汽缸内的运动,来实现制冷压缩机吸气、压缩、膨胀及排气等过程。

其特点是制冷量大,工艺成熟,工作压力范围广,工况适应范围广;在中小型冷库中占主导地位。

2.活塞式压缩机的内部构造(见图4.1.13、图4.1.14)

 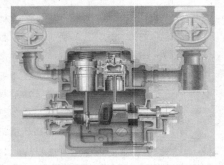

图4.1.13　活塞式压缩机内部构造　　　　图4.1.14　活塞式压缩机内部构造

如图4.1.15至图4.1.19所示,为活塞式压缩机内部各部件的分解图。

图4.1.15　活塞式压缩机实物内部解剖图　　图4.1.16　活塞式压缩机内部电机绕组

图4.1.17　活塞式压缩机内的汽缸

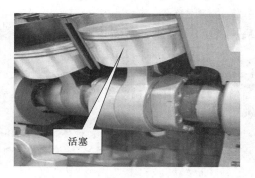

图4.1.18　活塞式压缩机内的活塞

具体来说，是电机绕组将电磁能转变为压缩机内轴承转动的动能，连带活塞在汽缸内做往复运动，对气体做功；使气体能在整个制冷循环系统中运动，完成热交换，如图4.1.20所示。

图4.1.19　活塞式压缩机内的轴承

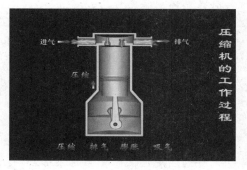

图4.1.20　活塞式压缩机工作过程

3. 低温防腐的原理

食品的主要化学成分可分为有机物和无机物两类，属于有机物的有蛋白质、糖类、脂肪、维生素、酶等；属于无机物的有水和矿物质等。

蛋白质是一种复杂的高分子含氮物质，它由多种氨基酸组合而成，各种蛋白质由于所含氨基酸的种类、数量不同，因而营养价值也有所不同。蛋白质在动物性食品中含量较多，在植物性食品中较少。在常温环境下，蛋白质在微生物的作用下会发生分解，产生氨、硫化氢等各种气味难闻和有毒的物质，这种现象称为腐败。

酶是一种特殊的蛋白质，是生物细胞所产生的一种有机催化剂。酶在食品中的含量很少，但它能加速各种生物化学反应，而本身不起变化，酶的作用强弱与温度有关，一般30~50℃时酶的活性最强，而低于0℃或高于70~100℃时，酶的活性变弱或终止。

水分存在于一切食品中，但各种食品中水分的含量是不同的，食品中所含的水分应控制在适宜的范围内。如果水分蒸发过多，食品就会失去新鲜的外观，并减少质量，造成风干。但如果食品中含水量过多，则不容易储存和保管。

引起食物腐蚀变质的微生物主要有细菌、霉菌和酵母。微生物的生存、繁殖需要

一定的环境条件,其中水分和温度是最重要的条件。各种微生物都能在潮湿的环境中快速滋生和繁殖,并且在适合生长的最适温度下繁殖、生长速度最快。

4. 食品的冷藏与冷冻

食品分为两大类:动物性食品和植物性食品。由于这两类食品具有不同的性质,其储存的方法也不同。另外,空气的温度和湿度条件也会对这两类食品的防腐保鲜带来一定的影响。

动物性食品是指无生命活体的有机体,因其生物体及构成它的细胞都已死亡,因此,就不能控制体内引起食品变质的酶的作用,也不能抵抗引起食品腐败的微生物侵入,如果把动物性食品进行冻结储藏,则酶和微生物的作用均能受到抑制和阻止,食品便能在较长的时间内保持新鲜度而不变质。一般来说,食品温度较低,储藏时间就越长。

植物性食品是指仍有生命活动的有机体,如水果、蔬菜等。因此,植物性食品自身就具有控制体内酶的作用,并对引起腐败、发酵的外界微生物侵入有一定的抵抗能力。但是水果、蔬菜等植物性食品在采摘以后便脱离了与母体的生命联系,不能再从其母体上获取维持生命活动所需的营养成分和水分,只能不断地消耗在生长过程中所积累的物质,因而在储藏过程中会逐渐失去水分,使质量和营养物质发生重大变化。因此,为了长期储存植物性食品,保持它的色泽、风味和营养性;就必须控制它的生命活动强度,已维持或延长它的生命活动。

5. 低温储藏食品的工艺

低温储藏食品的方法主要有两种:一种是冷冻处理后储存,另一种是冷藏储存。冷冻储存的温度应低于食品的冻结点,一般为 -30 ~ -15 ℃。冷藏储存的温度为 0 ~ 10 ℃。

牲畜屠宰后不经过冷却过程,直接送往冷冻室的过程,称为冷冻过程。把冻结后的食品置于储藏间存储为冷冻储藏。冷冻储藏的空气温度由冻结后肉体的最终温度来决定,需要长期储存的肉类,冷藏温度一般不高于 -18 ℃,空气相对湿度保持为 95% ~98% 。

为了能够较长时间的保持水果、蔬菜等植物性食品,一般都把果蔬放在冷库的高温冷藏间进行储存。储藏时应对果蔬进行挑选和分类包装,并将不同种类的食品控制在不同的储藏温度。为了保持水分,防止干耗造成的营养散失,还要调节并控制冷藏库的相对湿度,一般要求为 85% ~90% 。

冷库是制冷机房与冷却空间的总称。它为食品储藏创造必要的温度和湿度条件,根据储藏的食品种类和温度条件的不同,冷库可分为高温库和低温库。

高温库内的温度一般控制在 0 ℃ 左右,温度变化保持 0.5 ~ 1.0 ℃,房间内冷却设备为干式冷风机,用来冷藏禽蛋、水果、蔬菜等食品。

低温库一般要求库温在 -18 ℃ 左右,温度波动控制在 ±1 ℃,相对湿度为 95% ~ 100% ,冷却设备一般为顶排管式或墙排管式蒸发器,排管内制冷剂的蒸发温度为 -23 ℃,用于长期储存经过冰结后的食品,如肉、鱼等。

对于需要长期储存的新鲜的肉类,在进行冻结时,需预先进入冻结间进行速冻,冻结的温度在 −23 ℃以下,小型冷库有的设置冻结间,但大部分都不设冻结间,冻结间的冷却设备除顶排管、墙排管以外,还要配备冷风机。

6.冷库的使用范围

冷库的使用范围如表4.1.2所示。

表4.1.2　冷库使用范围

冷库种类	冷库温度/℃	冷库用途
保鲜库	−10 ~ 8	水果、蔬菜、花卉、乳制品、酒类、巧克力、黄油、鲜鸡蛋、保鲜肉等保鲜
冷藏库	−20 ~ −10	冻鱼、冻肉、冻家禽、冰蛋等冷藏
冻结库	−35 ~ −20	鲜鱼、鲜肉、米面制品、冰淇淋、血液制品、化工原料等低温储存
气调库	0 ~ 8	水果、蔬菜、药材、种子、较长时间储存
其他非标准冷库	−60 ~ 10	适用于电子、冶金、生物制药、化工、汽车建材航空航天等行业的工艺性冷冻超低温试验冷处理

思考与练习

1. 为什么要按照步骤开启?
2. 长时间保存食物的方法是什么?
3. 制冷压缩机吸排气阀压力是否相等?

一、判断题

1. 植物性食品是指仍有生命活动的无机体,如水果、蔬菜等。　　　(　　)
2. 食品分为两大类:动物性食品和植物性食品。　　　(　　)
3. 食品的主要化学成分可分为有机物和无机物两类。　　　(　　)
4. 牲畜屠宰后不经过冷却过程,直接送往冷冻室的过程,称为冷藏过程。　(　　)
5. 低温储藏食品的方法主要有两种:一种是冷冻处理后储存,另一种是冷藏储存。

　　　(　　)

二、填空题

1. 一般情况下,小型冷库选用_____压缩机;中型冷库一般选用_____压缩机;大型冷库选用_____压缩机。

2. 活塞式压缩机的特点是_____,工艺成熟,_____,工况适应范围广;在中小型冷库中占主导地位。

3. 利用_____内的细小颗粒物质和过滤网对制冷剂进行干燥过滤。

4. 冷凝器有_____、_____和_____3种冷却方式。

5. 活塞式压缩制冷机是利用活塞在汽缸内的运动,来实现制冷压缩机_____、压缩、_____及排气等过程。

任务2 冷库系统的启动运行管理

一、任务描述

在我国冷库主要是在20世纪70年代以后才大规模发展起来的,大型冷库主要选用螺杆式制冷压缩机,中小型冷库主要选用活塞制冷压缩机。根据实际需要,这里主要学习中小型冷库的相关知识。冷库制冷系统运行状态与系统内的温度、压力、电压等数据变化有关。

冷库系统的启动和管理是冷库的操作基本技术,完成这一任务的作业流程如图4.2.1所示。

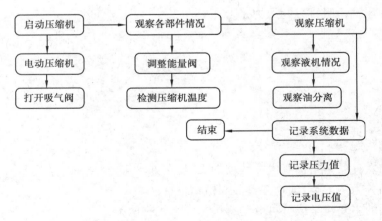

图4.2.1 作业流程

二、知识能力目标

能力目标:1.学会启动冷库系统。
　　　　　2.学会判断压缩机是否正常工作。
　　　　　3.学会检测压缩机温度。
　　　　　4.学会记录冷库系统数据。
知识目标:1.掌握冷库系统的启动程序。
　　　　　2.掌握冷库系统的管理方法。

三、作业流程

1.活塞式压缩机正式启动操作

(1)启动压缩机

对压缩机的电动机瞬时通断电,电动压缩机运行2~3次,观察压缩机电动机运动状态和转向确认正常后,重新合阀正式启动压缩机(见图4.2.2)。

压缩机启动后,逐渐开启压缩机的吸气阀。同时缓慢打开注液器的出液阀,向系统供液,待压缩机启动过程完毕,运行正常后启动处液阀开至最大。

(2)观察系统状况

观察压缩机的振动情况是否正常,压缩机系统的高、低压及油压是否正常,电磁阀、自动卸载、能量调节阀、膨胀阀等工作是否正常(见图4.2.3)。

图4.2.2　启动机组　　　　　　图4.2.3　制冷系统阀门

2.活塞式压缩机运行中的管理

(1)调整能量调节

活塞式运行的调整,压缩机投入运行后,注意系统中有关参数的变化情况,如压缩机的油压、冷凝压力、吸排气的压力、压缩机的运行电流等,同时在运行管理中还应注意运行情况的管理和监测(见图4.2.4)。

在运行过程中压缩机运行声音是否正常,如发现不正常应查明原因及时处理。

压缩机的主机

压缩机液

图4.2.4　压缩机运行的调整　　　　　　　　图4.2.5　液机现象

(2)观察压缩机

在运行过程中,汽缸有冲击声则说明油液态制冷剂进入压缩机汽缸,应将能量调节机构置于空挡位置,并立即关闭吸气阀(见图4.2.5)。待吸入后的霜层融化后,使压缩机运行5~10 min后,再缓慢打开吸气阀,调整压缩机吸气腔无液体吸入,并且吸气管底部油结露可将吸气阀全部打开。

(3)检测压缩机温度

运行时应观察压缩机排气压力和排气温度,排气温度不超过90 ℃(见图4.2.6)。

运行中压缩机吸气温度一般控制在比蒸发温度高5~15 ℃。压缩机各摩擦部件的温度不得超过70 ℃,若发现其温度急剧升高或局部过热时,则应立即停机,并进行检查处理。

(4)观察压缩机油分离情况

活塞式压缩机在运行中进行补油时,应注意润滑油应使用同牌号、同标号的冷冻润滑油。加油时,氟管一端接加油阀,另一端接冷冻润滑油桶。在压力作用下将冷冻润滑油吸入压缩机内(见图4.2.7)。

红外线测温

补充润滑油

图4.2.6　检测排气温度　　　　　　　　图4.2.7　补充润滑油

（5）记录系统工作数据

制冷机组的运行检测记录是设备技术档案的重要组成。通过这些记录可以使运行管理人员掌握系统的运行情况：一方面可以防止因情况不明盲目使用造成故障；另一方面还可以从数据中找出一些规律，经总结应用到日常工作中（见图4.2.8）。

以上就是关于冷库系统的启动和运行管理的工作过程。

图4.2.8　数据记录

学习了冷库系统启动和运行管理以后，请大家按照程序要求，操作练习。

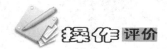

冷库系统启动和运行管理，学会了多少，请根据表4.2.1的要求进行评价。

表4.2.1　冷库系统启动和运行评价

序号	项目	配分	评价内容		得分
1	冷库系统启动	50	1. 会启动压缩机	15分	
			2. 会打开吸气阀、出液阀	20分	
			3. 会观察系统状况	15分	
2	冷库系统运行	50	1. 会调整能量调节	10分	
			2. 会观察压缩机	10分	
			3. 会检测压缩机温度	10分	
			4. 会观察压缩机油分离情况	10分	
			5. 会记录系统工作数据	10分	
安全文明操作	违反安全文明操作（视其情况进行扣分）				
额定时间	每超过5 min扣5分				
开始时间		结束时间		实际时间	成　绩
综合评议意见					
评议人			日　期		

1. 冷凝器

冷凝器是一种换热器,如图4.2.9所示。其作用是将来自压缩机的高压制冷剂蒸气冷却并冷凝为液体,达到使制冷剂降温的目的。

2. 冷库用蒸发器——冷风机

冷风机在冷库中使用也称为空气冷却器,图4.2.10所示。其原理是:制冷剂在排管内流动,通过管壁冷却管外空气。它依靠风机强制冷,库房内的空气流经箱体内的冷却排管进行热交换,使空气冷却,从而达到降低冷库温度的目的。

图4.2.9　冷库用冷凝器实物

图4.2.10　冷风机

3. 干燥过滤器

干燥过滤器是利用过滤器内的细小颗粒物质和过滤网对制冷剂进行干燥过滤,如图4.2.11所示。

4. 膨胀阀

热力膨胀阀是一种依靠蒸发器出口制冷剂蒸气的过热度来改变通道截面的自动

控制阀门,如图4.2.12所示。热力膨胀阀装在蒸发器的进口,感温包设在蒸发器出口管上。感温包中充有感温工质(制冷剂或其他气体、液体)。其内部构造如图4.2.13所示。当蒸发器的供液量偏小时,蒸发器出口蒸气的过热度增大,感温工质的温度和压力升高,通过顶杆将阀芯向下压,阀门开度变大,供液量增多;反之,当供液量偏大时,蒸发器出口蒸气过热度变小,阀门通道便自动变小,供液量随之减少。水推动阀门下方的调整杆,可以调整蒸气的过热度。热力膨胀阀多适用于氟利昂制冷机。

图4.2.11　干燥过滤器实物

图4.2.12　热力膨胀阀实物

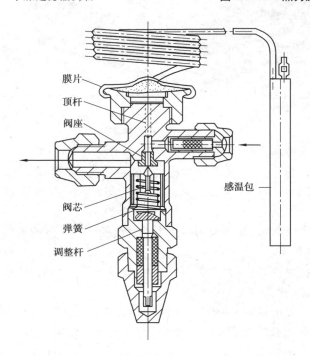

图4.2.13　热力膨胀阀内部构造

5. 冷库的结构及主要设备

如图 4.2.14 所示,小型冷库一般采用拼装式冷库利用预制的组合保湿绝热板块在现场拼装而成。预制板块由金属板或塑料板与高性能绝热材料构成。一般在金属的库板外表进行粉末静电喷涂处理,表面光亮美观,耐腐蚀,使用寿命长;保温板为导热系数低的高压发泡成形的硬质聚氨泡沫塑料,吸水率低,隔热性能好,耐腐蚀。用库板拼装组合时,可采用库容量一定的预制库板,即根据需要,用标准尺寸的板块在室内或防雨、防晒棚下,选一块地势高的坚实地基,根据图样拼装;也可根据不同的环境、储存量及储存食品种类等要求组合成大小不同的活动冷库。

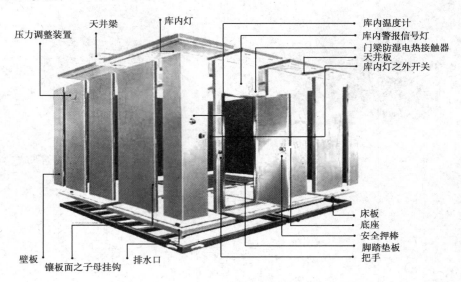

图 4.2.14 小型冷库结构

其保温材料及防潮层如下:

库板:预先生产的,具有固定的长度、宽度和厚度,可根据库体安装的需要选择。高、中温冷库一般选用 10 cm 厚的板块,低温库及冻结库一般选用 12 cm 或 15 cm 厚的板块。

聚氨酯喷涂发泡材料:该材料通过直接喷涂于仓库中,形成不吸水,隔热性较好的聚氨酯板,但成本较高。

聚苯酯喷涂发泡材料:该材料同样通过喷涂形成聚苯酯板,较聚氨酯板吸水性强,隔热性较差,但成本较低。

由于隔热材料受潮后,隔热性能降低。因此,应在隔热板两面加防潮层,也可只做外防潮层。防潮层一般用沥青、油毡、塑料涂层、塑料薄膜或金属板做成。

6. 冷库的制冷系统

冷库的制冷系统原理图如图 4.2.15 所示。

压缩机(最关键配件):一般情况下,小型冷库选用全封闭压缩机。大中型冷库一般选用半封闭压缩机。

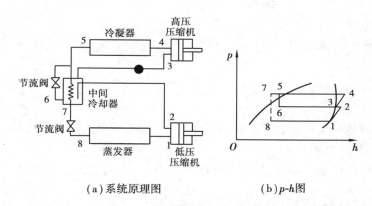

（a）系统原理图　　　　　　　　（b）p-h图

图4.2.15　一级节流,中间完全冷却的两级压缩系统原理图及相应的p-h

蒸发器:一般情况下,高温库选用风机为蒸发器,其特点是降温速度快,但易造成冷藏品的水分损耗;中、低温冷库选用无缝钢管制作的蒸发排管为主,其特点是恒温效果好,并能适时蓄冷。

冷凝器:冷凝器有空气冷却、水冷却和空气与水结合的冷却方式。空气冷却只限于在小型冷库设备中应用,水冷却的冷凝器则可用于所有形式的制冷系统。

7.其他配件

其他配件有控温机、门锁、铰链、拉手等。

思考与练习

1.为什么冷库系统在运用过程中需要记录工作数据?

2.为什么冷库系统常用氨作为制冷剂?

3.为什么冷库系统能长时间保存物品?

一、判断题

1.冷库的防潮层一般用沥青、油毡、塑料涂层、塑料薄膜或金属板来做。　　（　　）

2.感温包中充有感温工质(制冷剂或其他气体、液体)。　　（　　）

3.干燥过滤器利用过滤器内的细小颗粒物质和过滤网对制冷剂进行干燥过滤。

　　　　　　　　　　　　　　　　　　　　　　　　　　　　　　　　（　　）

4.小型冷库选用全封闭压缩机。　　（　　）

5.冷凝器有空气冷却、水冷却和空气与水结合的冷却方式。　　（　　）

二、填空题

1. 冷风机在冷库中使用也称为_____：制冷剂在排管内流动,通过管壁冷却管外空气。

2. 一般在金属的库板外表进行粉末静电喷涂处理,表面_____,_____,使用_____。

3. 由于隔热材料受潮后,隔热性能降低。因此,应在隔热板两面加_____,也可只做外防潮层。

4. 小型冷库选用_____,中型冷库一般选用_____压缩机,大型冷库选用半封闭压缩机。

5. 高温库选用风机为_____,其特点是降温_____,但易造成冷藏品的水分损耗。

项目5

汽车空调的拆装与维护

教学目标

由于我国经济的快速发展,汽车数量也迅速增加,汽车空调器专业维护人员的市场需求量也越来越大,学习汽车空调相关知识成为很多人的愿望。

本项目主要介绍汽车空调的结构、工作原理;汽车空调维护的相关技术。

安全规范

1.制冷剂钢瓶属于液化气体压力容器,必须遵守国家相关部门颁布的安全操作规范。

2.制冷剂钢瓶严禁充满,安全阀及防震圈等安全附件必须齐全。充注前要检查,防止混入不同的制冷剂。

3.开启钢瓶阀门时操作者应站在阀的侧面缓慢开启,瓶阀冻结时严禁用火烘烤,应用洁净的温水或将钢瓶移至较暖的地方解冻。钢瓶应轻装轻卸,严禁抛、滑、撞击,严禁将钢瓶与氧气瓶、氢气瓶等易燃易爆物品一起存放或运输。瓶中气体不能用尽,必须留有剩余压力,钢瓶使用完毕要旋紧瓶帽密封。

4.制冷剂大量泄漏时会有伤亡的危险,应注意房屋通风。

5.按加制冷剂规程进行正确操作。

技能目标

1.熟悉汽车空调结构。

2.熟悉汽车空调的拆装方法。

3.掌握汽车空调的拆卸与安装技术。

任务 1　汽车空调的拆卸

一、任务描述

汽车空调器是安装在汽车车厢内,由汽车发动机系统提供动力的一种小型空调设备。它可以改善和保持车厢内温度,消除车内异味,滤除有害气体和粉尘,为车厢内人员提供舒适环境。绝大多数汽车都安装有空调,当汽车空调出现故障时需将其拆卸下来维修,因此,汽车空调的拆卸是汽车空调维修的基本技能,完成空调拆卸任务的作业流程如图 5.1.1 所示。

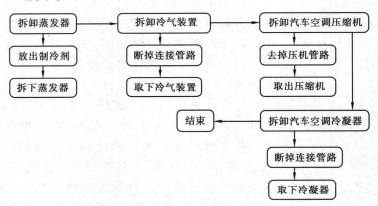

图 5.1.1　作业流程

二、知识能力目标

技能目标:1.学会释放汽车空调制冷剂。

2.学会取下蒸发器与冷气装置。

3.学会取下压缩机。

4.学会取下冷凝器。

知识目标:1.了解汽车空调各部件在汽车的具体位置。

2.掌握汽车空调系统的拆卸步骤。

3.掌握汽车空调系统的拆卸技巧。

三、作业流程

汽车空调系统的拆卸。

1.放出汽车空调制冷剂

注意放出空调制冷剂前,首先检查检测表连接阀门和快速连接阀是否关闭,然后将高低压、维修阀接头保护盖拧下,将蓝色低压快速连接阀与低压维修阀连接,并打开阀门(见图5.1.2)。

最后将红色高压连接阀与高压维修阀连接,并打开阀门。

首先开启高压阀,让制冷剂从管排出;注意不可将阀门打得太开,如果制冷剂排放太快,压缩机油将会从系统中溢出。在高压压力表下降到980 kPa以下后,打开低压阀以排出该系统之高压侧及低压侧制冷剂。在系统压力下降时,逐渐将高、低压侧阀门全开,直到两个表显示0 kPa。排放制冷剂完毕后,将高、低压快速连接阀取下。拧下高、低压管与蒸发器的固定螺栓,将暖风阀拉索断开。拧下加热器进、出水管的加箍,取下加热器的进、出水管(见图5.1.3)。

图5.1.2 高压维修阀

图5.1.3 加热器进出水管

2.拆卸蒸发器

拧下温度控制器与车身连接的固定螺母,然后将汽车下降到一定高度。拧下鼓风机与车身的各紧固螺母。拔出鼓风机的线束插头。拔出鼓风机电阻的线束插头(见图5.1.4)。

拆下固定在蒸发器上的线束固定架。拧下蒸发器与温度控制器的连接固定螺钉,然后取出蒸发器与鼓风机。

3.拆卸冷气装置

断开空调控制器拉索。然后再将温度控制器取出,并断开风门拉索。用起子将后冷气装置出风口格栅拆下(见图5.1.5),再拆下后冷气装置鼓风机开关,并断开其连接线束插头。

用起子拆下后冷气装置罩的各处固定螺栓,然后取下冷气装置罩。先用工具拧下低压管的连接端,并断开连接管。再用工具拆下高压管的连接端,并断开连接管。将

图5.1.4　拆蒸发器

图5.1.5　拆冷气风口格栅

排水软管断开并断开电器配线插头,拆下冷气装置与车身连接的各紧固螺栓,然后取下后冷气装置总成(见图5.1.6)。

注意:应将各管路接头塞住,防止污质、灰尘进入。

4.拆卸汽车空调压缩机

用工具拆下空调压缩机高、低压管连接端的紧固螺栓。拔出高、低压管,并取出压缩机。拔出高低压管后,用干净的布料将压

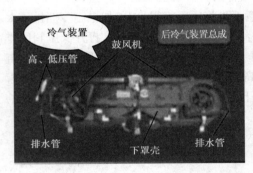

图5.1.6　冷气装置

缩机上的高低压管接头塞住,防止灰尘、杂质等进入压缩机内(见图5.1.7)。断开冷凝器风扇电动机的连接插头。将储液干燥瓶到后冷气装置的高压管接头分开,并拧下干燥瓶上的高压管。

5.拆卸汽车空调冷凝器

拆下冷凝器与蒸发器到空调压缩机的高、低压管加箍,并断开高、低压管。再拧下冷凝器与车身连接的四处紧固螺栓。然后将移动托架托住冷凝器的底部(见图5.1.8)。再拧下冷凝器与车身连接的各紧固螺栓。然后慢慢将冷凝器总成放下。将压力开关与管路电磁阀的连接插头断开。

图5.1.7　压缩机

图5.1.8　取冷凝器

以上就是汽车空调器的拆卸过程。

 做一做

　　学习了汽车空调拆卸过程以后,请大家按照程序要求,进行操作练习。

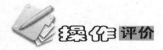 操作评价

　　汽车空调系统拆卸工作,学会了多少,请根据表5.1.1的要求进行评价。

表5.1.1　汽车空调拆卸工作评价表

序号	项 目	配 分	评价内容	得 分
1	汽车空调拆卸	100	1.会放出汽车空调制冷剂　　　　　　　　　　20分 2.会拆卸蒸发器　　　　　　　　　　　　　　20分 3.会拆卸冷气装置　　　　　　　　　　　　　20分 4.会拆卸汽车空调压缩机　　　　　　　　　　20分 5.会拆卸汽车空调冷凝器　　　　　　　　　　20分	
安全文明操作		违反安全文明操作(视其情况进行扣分)		
额定时间		每超过5 min扣5分		
开始时间			结束时间　　　　　实际时间　　　　　成　绩	
综合评议意见				
评议人			日　期	

 知识探究

　　1.认识汽车空调系统

　　汽车空调的性能评价指标:

　　1)温度指标:温度指标是最重要的一个指标。人感到最舒服的温度是20～28 ℃,空调应控制车内温度夏天在25 ℃,冬天在18 ℃,以保证驾驶员正常操作,防止发生事故,保证乘员在舒适的状况下旅行。

　　2)湿度指标:湿度指标用相对湿度来表示,人觉得最舒适的相对湿度为50%～70%。

　　3)空气的清新度:由于车内空间小,乘员密度大,车内空气混浊,影响健康。汽车空调必须具有对车内空气进行过滤的功能,以保证车内空气的清新度。

4)除霜功能:由于有时汽车内外温度相差大,玻璃上会出现雾式霜,影响司机的视线,因此,汽车空调必须有除霜功能。

5)操作简单、容易、稳定:汽车空调必须做到不增加驾驶员的劳动强度,不影响驾驶员的正常驾驶。

2.认识汽车空调系统结构

汽车空调系统一般由以下5个部分组成:

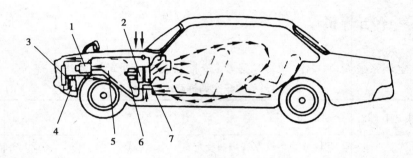

图5.1.9　轿车空调系统

1—压缩机;2—蒸发器;3—冷凝器;4—储液器;5—主发动机;6—风机;7—加热器

1)制冷系统:对车室内空气或由外部进入车室内的新鲜空气进行冷却或除湿,使车室内空气变得凉爽舒适。

2)暖风系统:主要用于取暖,对车室内空气或由外部进入车室内的新鲜空气进行加热,达到取暖、除湿的目的。

3)通风系统:将外部新鲜空气吸进车室内,起到通风和换气作用。同时,通风对防止风窗玻璃起雾也起着良好作用。

4)空气净化系统:除去车室内空气中的尘埃、臭味、烟气及有毒气体,使车室内空气变得清洁。

5)控制系统:对制冷和暖风系统的温度、压力进行控制,同时对车室内空气的温度、风量、流向进行控制,完善了空调系统的正常工作。

思考与练习

1.汽车空调压缩机在制冷系统中的作用是什么?

2.汽车空调器的作用是什么?

3.汽车空调器的拆卸能否改变顺序?

一、判断题

1. 制冷压缩机是汽车空调制冷系统的心脏。 （　　）
2. 人感到最舒服的温度是 20~28 ℃。 （　　）
3. 人觉得最舒适的相对湿度为 50%~70%。 （　　）
4. 制冷系统使车室内空气变得凉爽舒适。 （　　）
5. 空气净气系统使车室内空气变得清洁。 （　　）

二、填空题

1. _____是汽车空调制冷系统的心脏，其作用是维持制冷剂在制冷系统中的循环。
2. 压缩机是制冷系统中_____和高压、低温和_____的分界线。
3. 储液干燥器主要由外壳、_____、安全熔塞及管接头等组成。
4. 人感到最舒服的温度是_____，空调应控制车内温度夏天在_____，冬天在 18 ℃，以保证驾驶员_____，防止发生事故，保证乘员在舒适的状况下旅行。
5. 湿度指标用相对湿度来表示，人觉得最舒适的相对湿度为_____。

任务2　汽车空调的安装

一、任务描述

汽车空调的制冷系统由压缩机、冷凝器、储液干燥器、膨胀阀、蒸发器及鼓风机等组成。各部件之间采用铜管（或铝管）和高压橡胶管连接成一个密闭系统。在汽车空调各部件维修和清洗完成以后，需要将其安装上汽车，因此汽车空调器的安装是汽车空调维护的基本技术。完成空调安装任务的作业流程如图 5.2.1 所示。

二、知识能力目标

技能目标：1. 学会安装冷气装置。
　　　　　2. 学会安装冷气罩。
　　　　　3. 学会安装压缩机。
　　　　　4. 学会安装干燥瓶和冷凝器。
知识目标：1. 掌握汽车空调的安装步骤。
　　　　　2. 掌握汽车空调的安装技巧。

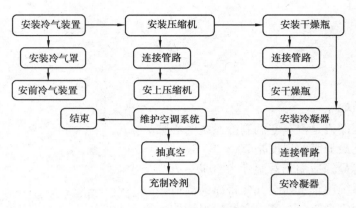

图 5.2.1　作业流程

三、作业流程

汽车空调的安装：

1.安装冷气装置

将后冷气装置安装组合后，再将其安装到汽车的固定位置上。连接空调高、低压管时，先将空调的高、低压管接头涂上适量空调润滑油（见图 5.2.2）。

注意：首先检查密封圈有无破损，如有应更换。然后将空调高、低压管连接并拧紧，将另一端排水软管连接，并将软管固定。

安装冷气装置罩，并拧紧各紧固螺钉（见图 5.2.3）。连接后冷气装置 A\C 开关线束插头，并装复。再连接后冷气装置鼓风机开关线束插头，并将其装复压紧。将后冷气装置出风口格栅装复并压紧。将后冷气装置进风口格栅装复并压紧。

图 5.2.2　连接空调高低压管

图 5.2.3　装冷气罩

前冷气装置是一个组件装置（见图 5.2.4），主要由上部组件壳体、下部组件壳体、罩盖、高低压管、膨胀阀、继电器、A\C 放大器和蒸发器等组成。如果更换蒸发器，应向压缩机添加空调专用润滑油（添加量为 40 ~ 50 mL）将蒸发器与鼓风机装复到固定位置上，并拧紧鼓风机与车身连接的各紧固螺栓。

2.安装压缩机

连接鼓风机与鼓风机电阻的线束插头。连接冷凝器与压缩机的连接管并拧紧固定。将压缩机安装复位,并用25 N·m扭力拧紧各紧固螺栓。将空调的高、低压管接头涂上适量空调专用润滑油。然后将高、低压管与压缩机接头连接,并用25 N·m扭力拧紧紧固螺栓。连接压缩机线束,将空调高低压管与蒸发器接头连接,并拧紧固定螺栓(见图5.2.5)。

图5.2.4　前冷气装置

图5.2.5　安装压缩机

3.安装干燥瓶

储液干燥瓶又称过滤器,它是用来储存和供应制冷系统内的液态制冷剂,随工况及时调节和补偿制冷剂,滤去制冷系统中的杂质,吸收制冷剂中的水分。将储液干燥瓶复位。将储液干燥瓶连接管接头涂上空调专用润滑油。然后与储液干燥瓶接口连接,并拧紧螺栓。连接后冷气装置的高、低压管,并与车身固定。将到后冷气装置的高低压管接头涂上空调专用润滑油,如其密封圈有破损,则应更换新品。然后将管路连接并拧紧固定(见图5.2.6)。

4.安装冷凝器

冷凝器是将压缩机中排出的高温高压制冷剂气体,进行冷却使之变成中温中压的液态(见图5.2.7)。

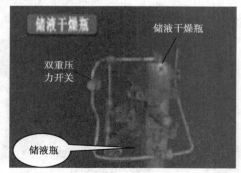

图5.2.6　储液干燥瓶

图5.2.7　冷凝器总成

将冷凝器总成复位,并拧上与车身连接的各紧固螺栓(见图5.2.8)。

将冷凝器的高、低压管接头连接,并用 18 N·m 的扭力将高、低压管螺母拧紧,用 14 N·m的扭力将低压管螺母拧紧(见图5.2.9)。连接冷凝器风扇电动机的连接插头。

图 5.2.8　安装汽车空调冷凝器　　　　图 5.2.9　拧紧冷凝器高、低压管

5.空调系统抽真空

检查系统有无泄漏。首先将空调高、低压管检测表接头与空调系统高、低压维修阀接头连接并打开。然后将压力表中央管与真空泵接头连接,并启动真空泵。完全打开高、低压侧阀门,抽真空 15 min 至低压表真空度保持在 700 mmHg,关闭高、低压阀门,停止抽真空(见图5.2.10)。

6.保压及加注制冷剂

在 5～10 min 后其真空度应保持 700 mmHg 不变,表明系统无泄漏。接着在低压管加注空调专用润滑油,注意润滑油不能过量加注,加注量与放出量一致。加注完空调专用润滑油后,再抽真空 10 min。然后关闭空调检测表的高、低压侧阀门,开始充注空调制冷剂。

从真空泵拧下压力表中央管。先从低压管注入适量制冷剂。注意应按本车加注合适规定型号的制冷剂,该车空调系统采用环保型 R134a 制冷剂。启动发动机,然后慢慢从低压管注入气态制冷剂。直到高、低压力表分别显示 1.0～1.5 MPa 和 0.25～0.3 MPa 结束加注。加注完毕后,将低压压力表侧阀门及高、低压管连接阀关闭,然后取下连接阀并将高、低压维修阀保护盖盖紧(见图5.2.11)。

图 5.2.10　抽空　　　　　　　　　　图 5.2.11　充灌制冷剂

以上就是汽车空调系统的安装过程。

学习了汽车空调安装过程以后,请大家按照程序要求,进行操作练习。

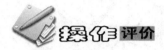

汽车空调系统的安装工作,学会了多少,请根据表5.2.1的要求进行评价。

表5.2.1　汽车空调的安装工作评价表

序号	项 目	配 分	评价内容		得 分
1	汽车空调安装	100	1.会安装冷气装置 2.会安装压缩机 3.会安装干燥瓶 4.会安装冷凝器 5.会抽空、冲灌制冷剂	20分 20分 20分 20分 20分	
	安全文明操作	违反安全文明操作(视其情况进行扣分)			
	额定时间	每超过5 min扣5分			
	开始时间		结束时间		实际时间	成 绩	
	综合评议意见				
	评议人			日 期		

1.认识汽车空调用冷凝器

汽车空调制冷系统中的冷凝器是一种由管子与散热片组合起来的热交换器。其作用是:将压缩机排出的高温、高压制冷剂蒸气进行冷却,使其凝结为高压制冷剂液体。

汽车空调系统冷凝器均采用风冷式结构,其冷凝原理是:让外界空气强制通过冷凝器的散热片,将高温的制冷剂蒸气的热量带走,使之成为液态制冷剂。

汽车空调系统冷凝器的结构如下:

1)管片式冷凝器:它是由铜质或铝质圆管套上散热片组成,片与管组装后,经胀管处理,使散热片与散热管紧密接触,使之成为冷凝器总成,如图5.2.12所示。这种冷凝器结构比较简单,加工方便,但散热效果较差。一般用在大中型客车的制冷装置上。

2)管带式冷凝器:它是由多孔扁管与 S 形散热带焊接而成,如图 5.2.13 所示。管带式冷凝器的散热效果比管片式冷凝器好一些(一般可高 10% 左右),但工艺复杂,焊接难度大,且材料要求高。一般用在小型汽车的制冷装置上。

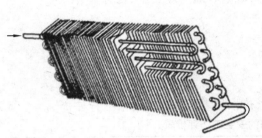

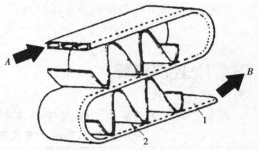

图 5.2.12　管片式冷凝器

图 5.2.13　管带式冷凝器
1—盘管;2—散热片;
A—气态制冷剂;B—液态制冷剂

2.认识汽车空调蒸发器

蒸发器(见图 5.2.14)与冷凝器(见图 5.2.15)一样,也是一种热交换器,也称冷却器。它是制冷循环中获得冷气的直接器件。其作用是将来自热力膨胀阀的低温、低压液态制冷剂在其管道中蒸发,使蒸发器和周围空气的温度降低,同时对空气起减湿作用。

图 5.2.14　蒸发器实物图

图 5.2.15　冷凝器实物图

3.认识膨胀阀

膨胀阀也称节流阀,是组成汽车空调制冷系统的主要部件。它安装在蒸发器入口处,是汽车空调制冷系统的高压与低压的分界点,如图 5.2.16 所示。

汽车空调制冷系统采用的感温式膨胀阀,也称为热力膨胀阀。它是利用装在蒸发器出口处的感温包来感知制冷剂蒸气的过热度(过热度是指蒸气实际温度高于蒸发温度的数值),由此来调节膨胀阀开度的大小,从而控制进入蒸发器的液态制冷剂流量。感温包和蒸发器出口管接触,蒸发器出口温度降低时,感温包、毛细管和薄膜上腔内的液体体积收缩,膨胀阀阀口将闭合,借以限制制冷剂进入蒸发器。相反,如果蒸发器出口温度升高,膨胀阀量口将开启,从而增加制冷剂流量。

4.汽车空调制冷系统的工作原理

汽车空调制冷系统由压缩机、冷凝器、储液干燥器、膨胀阀、蒸发器及鼓风机等组成。各部件之间采用铜管(或铝管)和高压橡胶管连接成一个密闭系统,如图5.2.17所示。制冷系统工作时,制冷剂不同的状态在这个密闭系统内循环流动,每个循环有4个基本过程:

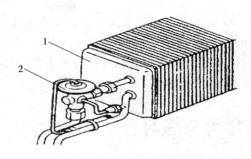

图5.2.16 膨胀阀安装位置
1—蒸发器;2—膨胀阀

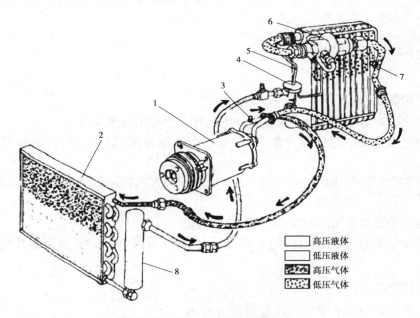

图5.2.17 车用空调制冷系统
1—压缩机;2—冷凝器;3—高压维修阀口;4—膨胀阀;
5—蒸发器;6—吸气节流阀;7—低压维修阀口;8—储液器

1)压缩过程:压缩机吸入蒸发器出口处的低温低压的制冷剂气体,把它压缩成高温高压的气体排除压缩机。

2)放热过程:高温高压的过热制冷剂气体进入冷凝器,由于压力及温度的降低,制冷剂气体冷凝成液体,并放出大量的热。

3)节流过程:温度和压力较高的制冷剂液体通过膨胀装置后体积变大,压力和温度急剧下降,以雾状(细小液滴)排除膨胀装置。

4)吸热过程:雾状制冷剂液体进入蒸发器,因此时制冷剂沸点远低于蒸发器内温度,故制冷剂液体蒸发成气体。在蒸发过程中,大量吸收周围的热量,而后低温低压的制冷剂蒸气又进入压缩机。

上述过程周而复始地进行下去,便可达到降低蒸发器周围空气温度的目的。

思考与练习

1. 简述冷气装置的鼓风机作用。
2. 讨论汽车空调的冷凝器和冷风机能否互换?
3. 简述汽车空调的储液干燥器作用。

一、判断题

1. 汽车空调器要有良好的抗振性和密封性及大范围制热能力。　　　　( )
2. 为适应范围广泛的制冷能力,汽车空调器制冷剂具有流量大、冷凝温度低的特点。　　　　( )
3. 汽车空调器新风比例为15%～30%,新风与车内回风的混合靠自然调节。　　　　( )
4. 制冷系统连接采用耐压、耐油的橡胶软管。　　　　( )
5. 汽车空调制冷系统由压缩机、冷凝器、储液干燥器、膨胀阀、蒸发器及鼓风机等组成。　　　　( )

二、填空题

1. 汽车空调制冷系统中的冷凝器是一种由_____与_____组合起来的热交换器。
2. 膨胀阀也称_____,是组成汽车空调制冷系统的主要部件,安装在蒸发器入口处,是_____制冷系统的高压与低压的分界点。
3. 压缩机吸入蒸发器出口处的_____的制冷剂气体,把它压缩成_____的气体排除压缩机。
4. 高温高压的过热_____气体进入冷凝器,由于压力及_____的降低,制冷剂气体冷凝成液体,并放出大量的热。
5. 温度和压力较高的制冷剂液体通过_____后体积变大,压力和温度急剧_____,以雾状(细小液滴)排除膨胀装置。

参考文献

［1］朱颖. 制冷空调机器设备［M］. 北京：高等教育出版社，2002.

［2］滕林庆. 制冷设备——维修工［M］. 北京：中国劳动社会保障出版社，2007.

［3］吴疆，李燕，郭永宏，等. 看图学修空调器［M］. 2 版. 北京：人民邮电出版社，2006.

［4］金国砥. 电冰箱、空调器原理与实训［M］. 北京：人民邮电出版社，2009.

［5］李援瑛. 中央空调操作与维护［M］. 北京：机械工业出版社，2008.

［6］William C. Whitman，Wlillam M. Johnson，Johnson，et al. 制冷与空气调节技术［M］. 北京：电子工业出版社，2008.

［7］冯玉琪，卢道卿. 实用制冷设备维修大全［M］. 北京：电子工业出版社，1997.

［8］张建一. 制冷空调设备节能原理与技术［M］. 北京：机械工业出版社，2007.